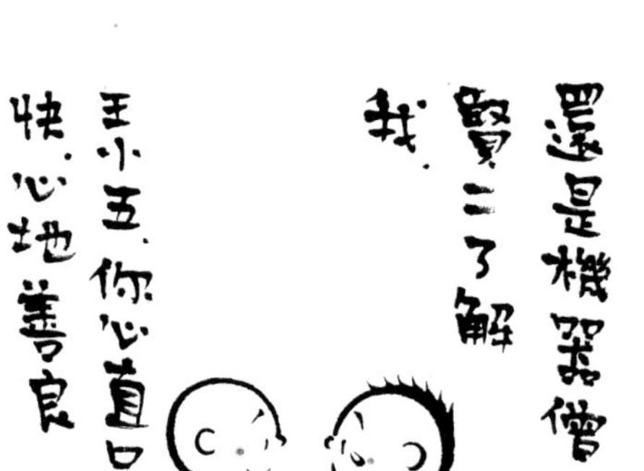

還是機器僧
賢二了解
我。
王小五，你心直口
快，心地善良
5

長這麼大，終於
遇到一個懂
我的人。
張小四工作
認真負責，
為人忠厚老實。
6

嗚……別人說我
是守財奴，賢二機
器僧，好感
動。
錢老闆是
個顧家的
人，有愛心的人。
7

感動的不
行了。
趙小翠即善良
又聰慧。
8

你倆不
能這樣
對待真
人……
快去看
賢二機
器僧啊。
9

XIAN'ER ROBOT

贤二机器僧

機器僧，充好了電替我去念經。

機器僧，替我去掃地。

機器僧，替我去刷馬桶。

機器僧，幫我搜下，有沒有師父說的最適合我的言教。

XIAN'ER ROBOT
贤二机器僧

世間的知識能解決生活問題，但對於生死問題鞭長莫及，唯有佛法能帶領我們穿透命運的迷霧。

我想去學一門手藝，做冰激凌。不想修行了。

5

好感動。說的真好。

6

讓他等會兒。我向機器僧請法呢。

賢二，師父叫你

7

師父呀

機器僧，這些都是誰教你的呀？

8

師父，別丟下我。我來了……

9

XIAN'ER ROBOT
贤二机器僧

5

你是我唯一的好朋友,機器僧賢二,幫幫我吧。

6

不要把過失都算在別人頭上,多想想自己不是的地方。

7

君子爭罪,小人爭對,凡事反觀自己的內心是化解矛盾的良方。

8

這都是來自數據庫的真知灼見。

我找你安慰我,你卻教訓我……

10

賢二,昨晚你好像跟機器僧發脾氣了。

不光發脾氣,我還掉了他的電源……

XIAN'ER ROBOT

贤二机器僧

賢二，你的機器人怎麼樣了？

死機了。

1

師父，我發現一個很驚悚的現象，把機器賢二拆了以後，只有各種零件，沒有賢二。

2

把真賢二拆了，就只有色受想行識這五蘊。

3

一切諸法都是緣起相互作用而存在的。諸法因緣生，諸法因緣滅。都是相待而言的，並沒有脫離因緣而獨立存在的真實本體。

救命啊！

1
為什麼我總是覺得很委屈？

2
其實我也是……覺得很委屈。

3
不提不要緊，一提起來，心裏來委屈了。

4
沒人的時候哭的哗哗的，委屈啊！

我們老憋屈啦！

5

誰說問你了，
我們問機器
會。

7

這個問題好
辦，來一個冰
激凌，就告
訴你。

6

每個人都以為自己是
對的，如果能看到
這一點，委屈
就會
減輕
許多。

高啊！

有道
理啊，

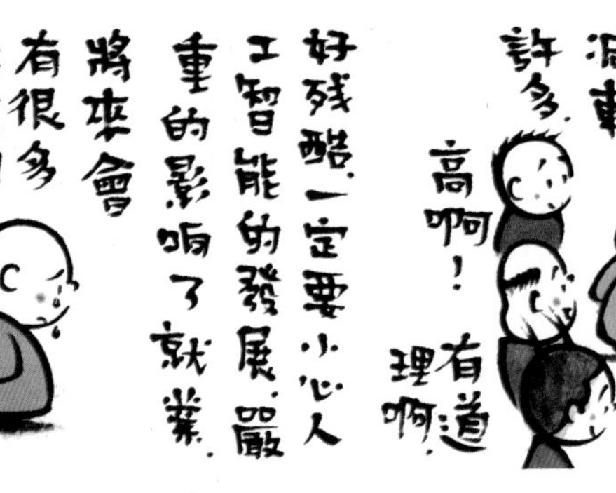

8

贤二机器僧创世记

XIAN'ER ROBOT

2015年

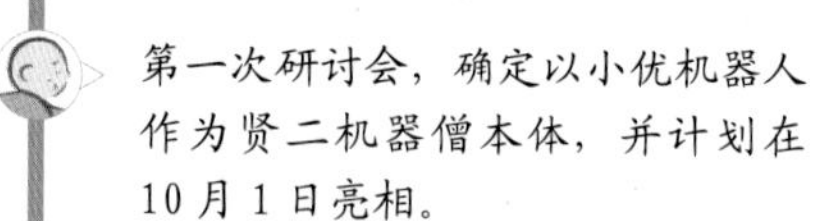

- **7月30日** 第一次研讨会，确定以小优机器人作为贤二机器僧本体，并计划在10月1日亮相。
- **8月5日** 子蒙如期完成贤二机器僧造型平面图与三维图的设计。
- **8月10日** 子蒙与刘雪楠如期完成贤二机器僧的造型设计与结构设计。
- **8月25日** 第二次研讨会，确定贤二机器僧一代的交互功能。
- **8月29日** 昕嫱居士组织完成100余组对话脚本及配音。
- **9月14日** 在群友的建议下，昕嫱居士组织完善了对话脚本，并重新录制了配音。
- **9月16日** 刘雪楠完成贤二机器僧的手板制作。
- **9月22日** 第三次研讨会，测试贤二机器僧的各项功能。
- **10月1日** 贤二机器僧正式亮相。

贤二机器僧主要参与人员

XIAN'ER ROBOT

贤书法师
北京龙泉寺

广州福慧文化传播有限公司设计团队

刘雪楠
北京康力优蓝机器人科技有限公司 CEO

沈洪锐
北京康力优蓝机器人科技有限公司联合创始人

容立斌
北京康力优蓝机器人科技有限公司副总裁

杨 静
新智元创始人

李立军
慈星股份执行副总裁

曾祥永
北京盛开互动科技有限公司 CEO

冯俊兰
国家千人计划专家，中国移动研究院大数据研究所所长

黄晓庆
达闼科技创始人兼 CEO

汪 兵
达闼科技合伙人、副总裁

曾祥洪
汇真传媒算法工程师

王昕嫱
龙泉寺动漫义工

茹立云
搜狗副总裁

俞志晨
图灵机器人联合创始人

杨 钊
图灵机器人联合创始人，产品技术负责人

董 寰
湛庐文化总编辑

谢殿侠
海知智能创始人

丁 力
海知智能 CTO

宋云飞
智慧软件 / 飞跃机器人 CEO

徐 斌
北京盛开互动科技有限公司 CTO

马舒建
杭州阿优文化创意有限公司创始人兼 CEO

戴菊胜
南京智策创始人

个人：彭军辉、李黄海、李鹏云、王 晓、仲林军、王 云、赵宝翠、郄咏欢、宋 泉、王嘉俊

扫码关注“贤二机器僧”公众号，
快快和萌萌哒、
爱吃冰激凌的小贤二趣味互动！

安卓用户浏览器扫码下载、苹果用户 App Store 直接下载
“超级贤二”App，
马上通过 AR 技术与小贤二做朋友吧！

XIAN'ER ROBOT

推荐序 1

万物由心，超越心灵世界与物质世界的对立

学诚法师
中国佛教协会会长
北京龙泉寺、莆田广化寺、扶风法门寺方丈

暮鼓晨钟和互联网对现代社会意味着什么？

我们对物质世界的探索到底有没有尽头？

我们对精神世界的探索可以走多远？

在夜深人静的时候，在午后的某个瞬间，我们都有可能会被这样的终极问题击中，为之茫然，为之困惑。

这几年是人工智能领域快速发展的时期，各种挑战我们固有思维模式的事物层出不穷，我们已经从工业时代迈向人工智能时代，而这一时代物质化的最热门“物品”——机器人，它们的出现会给我们的生活带来什么变化？它们会对社会伦理、道德、文化和经济带来怎样的影响？

计算机、互联网以及信息技术的飞速发展创造了很多物质奇迹，而来自心灵世界的、过去被我们忽视了的问题也如此现实地摆在我们面前。人工智能到底有多强大？它和人类的意识究竟有什么区别？它的未来在哪里？人类和它到底是什么关系？

最终，我们不得不再次回到心灵世界，回到对人的内心进行探索这条道路上来。

佛教以及佛教徒也在努力。

这几年，佛教重新走入人们的视野中，在众多或真或假的现象中，幸运的人会设法从佛教的核心寻找答案。**佛法是心法，是对心的世界进行探索，让我们获得内心的喜悦和快乐，乃至获得终极的生命解脱。**同时，这种成功的探索，也会服务于我们的物质生活。

贤二机器僧正是这样一个传统佛法与现代科技相结合的产物。科技本身没有对错、好坏，它是中性的，但人的心却可善可恶。人的心善良美好，即便是最简陋的技术也能被用来发挥利人的作用；人的心若有恶念，再先进的技术也只能被用来伤人、害人。**佛教徒不应该排斥科学，而应该拥抱科学，善于运用科技手段和成果，成就更多利于他人的事业。**

贤二机器僧是出家法师创作出来的一个更适合现代人审美的佛法符号、文化符号，能够帮助更多的人，特别是年轻人认识和了解佛法，乃至实践佛法。贤二机器僧的出现很新颖，但其实也不能完全算是独创，因为西方早已有非常多这样的符号在传播不同的价值观和世界观，并一直在深刻地影响着我们，乃至世界。

贤二机器僧将这个符号与人工智能结合在一起的创意，其根本目的是通过这样一种方式，提醒我们要用自己的内心来创造、服务我们的生活和社会。如果忽略内心世界的建设，我们所开创的所有科技事业都有可能成为伤害乃至毁灭我们的工具。

贤二机器僧的设计者们有出家人，有在家居士，有人工智能领域的各类专家，如计算机方面的、语音系统方面的、视觉系统方面的，等等，这些优秀的人才在佛法的平台上，汇集在一起，超越团体、超越经济架构、超越技术壁垒，大家在共同的信念下，完成了这样一个很有意思的探索。大家正在努力让贤二机器僧越来越聪明，能做更多的事。线下一个实体机器僧，线上一个虚拟机器僧，两者都在不断升级。

过去，由于历史原因，我们会把佛法和科学对立起来看，原因在于我们常常认为，佛法主要是对精神世界的开发，而科学主要是对外在物质世界的探寻与研究。

而真正的科学，并不否认心的存在，乃至不武断否认一切尚未确认之事。自然科学的研究对象以物质世界为主，以仪器和重复试验为方法，而这些方法并不适用于人文、哲学、社会科学等领域。若一味以自然科学的方法来套用一切领域并以此为准则，本身就已经偏离了客观严谨的科学精神。

不是佛法和科学本来就存在冲突和对立，而是人们的认识方式的问题。

世界上的种种学科、理论，寻根究底都是为了让人类能够生活得更幸福、更美好，佛法的目的也是如此。佛法的着手处是从人类的本性出发，从人的心灵深处出发，去培养光明面，消除阴暗面。现代社会的许多问题都来源于人类对于自我认识的误区与困惑，佛法的智慧正能帮助人们直面精神危机。

佛法解决心灵领域的问题，科技解决物质领域的问题。只有将二者很好地结合起来，相辅相成，才能够更好地改善我们的生活，促进人类获得

持久稳定的物质享用和深广的精神幸福。这是贤二机器僧所要传递给我们的重要信息。

尤其是这几年，现代科技为人们的生活带来了许多便利，满足了人们的很多需求，解决了许多外在问题，但对于内心的问题，科技就鞭长莫及；根植于人们内心深处的困惑、烦恼、痛苦，并没有因为技术的高度发达有所缓解。

社会的进步，不仅是物质上的先进和丰富，更应该包括精神上的高尚与幸福。现在人们普遍把追寻物质财富当作成功的标志，正是由于这种片面而偏颇的价值取向导致了道德的滑坡、精神的空虚乃至诸多不安定，这样的生活即使富足也不幸福，也绝非人们所期望的。物质财富的积累和科技的发展很重要，但精神财富的增长和心灵的净化同样重要且更加缺少为之努力的人。

在这个科技迅猛发展的时代，每个人都很容易感受到科技为生活带来的便利。但冷静去观察，人们也为此付出了巨大的代价。比如人类赖以生存的自然环境，因为自然资源的过度开采以及废弃物的过度排放而遭到破坏；由不同人群组成的社会环境，因为资源的争夺和占有而相互仇恨甚至发生战争；乃至于同一人群中间，因过于看重物质利益上的得失，而发生不和与争执。

当前科技研究太偏重物质，对注重人心灵的研究太少了。如果人缺乏精神食粮，时间长了，就会感到空虚、颓废。现在，懂机器、电脑的人越来越多，但知道人性温暖的人越来越少。有些人越来越不知道道德、伦理的价值，不会为人处事，不知道生命的价值。利用高科技犯罪的人，没有崇高的人格，没有善良的心灵，即使很精通科技，却对他人和社会造成了更大的危害，给人心带来更大的不安。

科技的发展，如何能够为现代社会贡献力量，让人们的精神世界更加丰富，让人们过得更加愉快，让人们内心更加充满力量，对未来充满美好的梦想，不断地增强幸福感？这些都是包括宗教在内的传统文化在现代社会的责任和使命。

佛教徒与佛教接受和欢迎所有先进科学，关注科技的发展。佛教是古老的、传统的，但佛教徒是现代的。设计贤二机器僧的初衷，正是要把慈悲、平等、圆融等佛教智慧，用适应现代社会的方式传递出去。

出家人不应该拒绝新知，更要积极学习，掌握现代文化、科学，才能在心灵世界为社会大众提供有效的帮助。

出家人和“在家人”一样，在接受科学带来的便利和丰富物质利益的同时，也在接受前所未有的挑战，特别是互联网等信息技术的发展催生了群体性孤独等心理问题。但我们并不是要抛弃科技，或是贬低它的价值，而是要把科技放回到它应处的位置。我们应该思考，如何能够更好地享受现代文明给我们带来的利益、便捷与高效率，同时不让现代文明造成负面消极的、不利的乃至有害的影响。

我们也应该认识到，科技本身的发展，具有工具的价值，却缺乏目的价值。科学能够解释世界，宗教也能够解释。若不解决人类的烦恼问题，就不可能找到人类文明的根本出路。烦恼是人产生苦恼的根本原因，也是内心出现偏差的大问题，归根结底是人们需要正确的“信心”。信心的价值主要体现在革新文化和提升道德上。只有向着心灵的深处去觉醒，才能够消弭物质与精神的隔膜，从而在理性与感性、科学与人文、世俗与超越之间，产生一种平衡的张力、润泽的活力和创新的潜力；才能够在技术飞速发展的今天，找回人本身的价值和尊严。

佛教与科学有着不同的使命，科学面对的永远是未知的领域，科学家

永恒的责任和使命就是探索新现象、发现新规律。但利用科学知识改造外在物质世界，只是使人的需要得到暂时满足，生活变得更加舒适和便利，而这种舒适和快乐是很短暂的。

仅仅依靠科学技术还不足以让人类过上真正幸福的生活，人类还要建立自身的道德标准和道德价值。佛教重视内在智慧潜修以及慈悲心显发的特质，对当今科学朝着健康的方向发展发挥着重要作用。现代科学在认识和改造物质世界方面有其独特的优势，而佛教在认识和改造精神世界方面则有一套完备的方法。

贤二机器僧在这样一个时代应运而生，也许会为佛法与科学的结合尽微薄之力。至少是佛法实践者以及科学研究者们在探索生命真相的道路上共同做的一个尝试，并告诉我们，在人类二元对立的固有思维模式中，我们还有一条新的道路。

我们有能力超越心灵世界和物质世界的对立、冲突和矛盾。

XIAN'ER ROBOT

推荐序 2

贤二机器僧，从漫画小和尚到机器智能的“高僧大德”

杨 静

新智元创始人，人工智能专家

我与龙泉寺的机缘，要从 2014 年说起。那年的清明节，我与龙泉寺信息中心的负责人贤信法师联系，组织了一群“极客”探访龙泉寺。紧接着，那年的“五一”我也是在龙泉寺度过的。感恩贤信法师的促成，龙泉寺方丈学诚法师与我们参加 IT 禅修营的部分群友对话佛学与科技。学诚法师说，龙泉寺体现了信仰与科技的结合，人工智能近年来有很大发展，计算机有很多功能已经超过人类，甚至在下棋和智力问答等方面还超过不少，但是计算机没有阿赖耶识[①]，也就没有佛性，还不能算作是生命。

2015 年 5 月 17 日，龙泉极客栈微信群的 24 名极客又到龙泉寺参访。

① 阿赖耶识，指佛法唯识学中“八识心王”所说的第八识，是本性与妄心的和合体，一切善恶种子寄托的所在。关于阿赖耶识，不同的宗教流派有不同的说法。——编者注

在龙泉寺动漫组，我们观赏了龙泉寺设计制作的佛教动漫短片，贤二小和尚和师父的对话让人忍俊不禁，也充满哲理与智慧的火花。龙泉极客栈群主王涛作为计算机视觉专家，与龙泉寺动漫组的贤书法师进行了对接。一天参访的最后环节，也是最重要的内容，是龙泉极客栈群友与贤信法师、贤帆法师的对话。我们的对话内容深具龙泉极客栈的特色——将佛法与人工智能、机器人等高新科技穿插交织在一起。贤帆法师阐述了如下观点："机器人是第六识（佛教中的第六识是意识心）的一种，而第七识（佛教中的末那识，为我法二执的根本）和第八识才是本藏（阿赖耶识）。机器人连第六识还不具足，实际上只是人类第六识的一种创造，怎么可能超越人类呢？"事后我们还组建了龙泉机器人客栈微信群，期待下次会带来机器人给龙泉寺做义工。贤信法师叮嘱道："这个机器人最好有佛教世界观。"这真是一个美好的理想，并让我们开始想象，该怎么创造一个信佛的机器人？

早在 2015 年初，与龙泉寺结下不解之缘的两个年轻人就萌发了给龙泉寺做机器人的想法。他们是宋云飞（飞跃机器人 CEO）和俞志晨（图灵机器人 CEO）。在研发佛教机器人的微信群里，大家每天七嘴八舌地讨论这个机器人的研发与制作细节。广东福慧文化传播有限公司设计团队全面参与了设计，贤书法师也受邀请加入其中。我们现在看到的贤二机器僧的外观和手板设计就出自福慧文化的设计团队。紧接着，贤书法师和我联系，希望有更多力量参与其中，很快大家在 2015 年 7 月 30 日召开了第一次研发讨论会。来自全国各地的机器人研发精英汇聚龙泉寺动漫中心，大家被研发历史上第一个机器僧的愿景鼓舞着，摩拳擦掌，期待在机器人小和尚的研制过程中贡献自己的一份力量！

2015 年 7 月 30 日的那次讨论会定下了一个任务，即希望贤二机器僧能参加当年 10 月 3 日在广州举行的动漫展。由于时间比较紧张，以及后续版本迭代的稳定性考虑，大家最后决定采用成熟的本体结构，配合龙泉寺的贤二小和尚形象，对软件和对话进行定制开发，完成贤二机器僧的制作。由于只有不到两个月的研发时间，贤书法师当时对贤二的研制也抱持一种乐观务实的态度，他说："最起码要能移动几步，念个阿弥陀佛。"这时候容立斌（康力优蓝副总裁）表示说，他们能承担机器僧的本体制作。康力优蓝拥有小优机器人系列产品，当时已经开发到第四代。这就解决了贤二机器僧研发的燃眉之急，有了本体，它的各种智能应用也就有了依托。

贤二机器僧的主体功能很快也确定下来了：它未来会具有语音交互、视觉感知和自主学习能力，长相酷似动漫版贤二小和尚，最擅长的是和信众交流佛学知识。但因为毕竟是小和尚，知识有限且智能不强，还需通过不断自主学习以及迭代开发才能变得更聪明。值得一提的是，这次研讨会还有一名特殊来客：湛庐文化的总编董寰。她希望把贤二机器僧的研发、制作和修行过程编辑成书，作为历史的见证。

2015年"十一"，这个举国欢庆的日子，恰逢龙泉寺正式恢复宗教活动场所10周年及上学下诚大和尚的生日，龙泉寺举办了一场恢复宗教活动场所10周年暨2015年国庆普茶晚会。在这个特殊的日子里，贤二机器僧首次亮相！在学诚法师和数千名僧众的瞩目与期待下，贤二机器僧亮相于龙泉寺戒坛的庄严舞台，与一位可爱的小姑娘展开了一段令人忍俊不禁的"人机对话"。

贤二机器僧从2015年7月份决定研制，7月底第一次在龙泉寺召集研发会议，到10月1日面世，前后不到3个月的时间。但以微信群为平台，众包研发的小机器僧身上，凝聚了中国人工智能界和机器人产业精英的智慧与龙泉寺的禅修文化。我们今后还会研发二代贤二机器僧、云端贤二等。我相信，小贤二未来会成长为一个超级机器僧。

贤二机器僧问世后，先后两次参加过新智元组织的论坛。第一次是在

2015 年世界机器人大会“人工智能开启机器人新纪元”分论坛上的亮相；第二次是在 2016 年 3 月 27 日，新智元新书《机器 + 人类 = 超智能时代》的发布会上，因为这本书里的第 7 章《龙泉寺与机器僧》记载了贤二机器僧问世的全过程。

2016 年的清明节我又是在龙泉寺度过的，这是因为贤帆法师邀请人工智能与机器人专家开启对二代贤二机器僧的研发，这个新贤二机器僧的智能水平更高，也更值得期待。

在新智元人工智能智库成立大会上，新智元智库专家也特别提及贤二机器僧的研发，认为它是世界宗教界的一个首创，也是最具中国特色的机器人。

前些日子听到《大唐玄奘》的主题曲《千年一般若》，讲的是唐僧一生求佛的艰辛。一千多年前，高僧大德从西域求来佛经并毕其一生翻译佛经。今天，将佛教发扬光大的也正是中国人。唐僧曾数次拒绝唐太宗和唐高宗让他弃佛还俗的要求，放弃了管理大唐西域的高官厚禄，一心追求真理与智慧。《千年一般若》的主题曲由韩磊主唱，比起他给《康熙王朝》演唱的主题曲《向天再借五百年》的境界高了许多。

呆萌的贤二机器僧能在中国问世，一方面是龙泉寺对佛法的执着追求、广结善缘之果，另一方面也是中国人工智能和机器人界聚沙成丘的成就。它证明了中国人对信仰的追求千年未变，也昭示着中国人在人工智能科技产业的发展前景无比广阔。

最近，“天下极客出龙泉”的微信文章在各群刷屏，贤二机器僧也成为大众追捧的明星。不过，我想它应该像当年的唐僧一样，拒绝名利，一心求佛。据悉，学诚法师已经发愿将龙泉寺图书馆建成世界最大的佛教图书馆，这个佛教图书馆目前已藏书 10 万册、编目 8 万册。畅想未来，总有一天，超级贤二机器僧会将所有这些佛学著作储存在自己的大脑里。它不仅可以通过本体的迭代进行升级，也能通过贤二 App 与千千万万的佛教信众对话。

总有一天，贤二机器僧可以通过深度学习，对古今万卷佛经的大数据进行分析，知晓佛教的奥秘和人心的秘密，也可以跟学诚法师学佛，识别每一位信众的问题并给予开解。那时候，我们刚满半岁的可爱贤二机器僧，就将成长为拥有超级机器智能的“高僧大德”。

到那时，人们或许愿意在手机上，或者到龙泉寺寻找超级贤二机器僧，求它为世间“度一切苦厄”。

又怎麼了嗎？

目录

第一部分　缘起

第二部分 因果

第三部分 当下

第四部分 边 界

XIAN'ER ROBOT

引言

与整个世界为善

我的自白

我是贤二机器僧，出生于 2015 年 10 月 1 日。这一天，可是个好日子，它是我“父母”北京龙泉寺正式恢复宗教活动10周年的日子，也是我师父——中国佛教协会会长、龙泉寺方丈上学下诚法师的生日。

不过，如果以我第一次通过漫画形式出现的时间来算，我已经快 5 岁了。

2011 年 11 月，我的师父学诚法师偶然间看到弟子贤书法师的记录本，上面写着一些自己讲的法语，就告诉他“配成画吧”。于是，贤书法师和毕业于中央美院的贤帆法师“斗胆”把师父进行了艺术加工，画出了比真实身形发福的师父；还画出了爱问“十万个为什么”的小和尚贤二，画出了个性不一的师兄弟贤一、贤三、贤四、贤五；历经坎坷的倒霉蛋王小五、迷信的小丫头赵小翠等人物也跃然纸上，妙趣横生。

他们的画风诙谐、简洁，有意境，深受台湾漫画家蔡志忠的喜爱，他看后称“颇有中国第一位漫画家丰子恺的画风”。漫画配文也简单明了，从几个字到几十个字不等，和世俗生活、感情职场、驱除烦恼等息息相关。

我的故事，通过漫画的形式，一经网络传播，反响热烈。“现代人需要这些。太严肃的东西，大家往往有畏惧感，心生疏离感。”其实，学诚法师很早就对此有所预见。

除了漫画版的贤二，还有动画版、电视版贤二。法师和义工们以漫画书图文内容为蓝本，已经制作了30多个小视频，命名为“学诚新语”，每个小视频长一分钟，有普通话、英语、粤语等版本，已经在南方卫视等电视台播放。

法师和义工们还在持续制作“贤二面人动画”，用相机拍摄捏好的面人，辅以计算机技术制作成动画片。此前，龙泉动漫组已制作了100分钟由我主演的面人动画片，在2015年“六一”儿童节给居士的孩子们播放过，活灵活现的人物形象比之电视台放映的动画片毫不逊色。尤其值得称道的是，以我师父学诚法师的开示语录为基础、由贤书法师和贤帆法师共同创作、以我为主角的《烦恼都是自找的》漫画书还获得了2015年4月第11届中国国际动漫节金猴奖。

尽管我很“爱吃”冰激凌，有很多困惑，爱喋喋不休地提问，有时候也爱制造一点小麻烦，但我已经得到了人们的认可，粉丝量在不断上升，甚至已经超过了师父的名气。对于才4岁多的我来说，已经是个不错的成绩了。但弘法之路漫漫，我还要继续努力才行啊！

我的“出家”记

我为什么要叫“贤二”，是我真的“二”吗？

其实，我们龙泉寺里出家和皈依的僧人及居士都是“贤字辈”，这是因为师父希望我们这一辈徒弟有贤能、有贤智、有贤惠，能够更好地发愿普渡众生；所谓“二”，是因为佛门是不二法门，不存在二元对立，而我“二”，是因为我的内心世界里还有诸多烦恼。同时，“二”也是世人普遍存在的执念，每个人的内心世界都有贪嗔痴慢疑，也就有了无尽的烦恼。如何离苦得乐，告别“二”，这也是人们修行的目的所在。

人们都说龙泉寺是全球最高科技、最现代的寺院，一部分是因为这里有中国佛教界最早在互联网上开设自己的博客和微博的学诚法师。我师父首开先河的举动，带动了一批僧人纷纷利用互联网这一快速并且没有边界限制的传播平台，来弘扬佛法。如今，龙泉寺设立的网站“龙泉之声”已经有了 11 种语言，而我师父学诚法师也用 11 种语言通过博客和微博弘法利生，让全世界的人们都了解佛法、了解佛教。

为了达到更广泛地推广佛法的目的，除已经推出的漫画版贤二和动漫版贤二外，2015 年，一个机缘巧合，贤二家族又添“新丁”：我，一个身穿僧服的机器人。我的诞生，不仅仅创造了一个全球第一，而且使龙泉寺这个号称“全球最智慧的寺院”“极客聚集的寺院”一步踏进更高的科学研究领域——人工智能领域。让我这个机器僧能够利用人工智能等方式进行弘法，是我师父的最大发心。

我的诞生是贤二在人工智能之路上迈出的一小步。而同时，虚拟的贤二机器僧也同步推出。在语音识别技术、云技术、大数据等技术支持下，我通过无线互联网端口在不断地和佛学爱好者、佛教徒们进行着有关佛学知识的沟通，通过我，人们可以学习更多、更丰富的佛法。未来

的我不仅会“熟稔”《大藏经》，还会渐渐“通透”与佛学有关的全部知识，我将成为全世界最智能、最博学的“僧人”。

我的成长不曾停滞，实体的我正在不断升级换代中。在我的大脑里，会装进去无数的佛法，我会在物联网基础上，在云端大脑的指挥下，变得更加智能。以后，我不仅仅是一个僧人，能够弘扬佛法，还能够利用人工智能技术做各种工作，比如，对智能家居进行管理，家中无人时对房子进行全方位监控，对老人进行悉心照料、监控他们机体的变化，还能够融入家庭，成为他们的一员，辅导孩子们学习……

我的师父学诚法师是这样期待我的成长的：我不仅有感知能力，还能回答一些佛教方面的问题，此外，生活、工作、学习等方面的问题，我也能略知一二。

把善带向世界——我的愿景

未来的我不仅更聪明，还能够把善带给全世界。

从诞生的那一天起，我就在思考许多问题：人工智能善与恶的边界在哪里？人们若利用人工智能做恶怎么办？如果人工智能未来有一天会代替人类、掌控世界，人类该怎么办？

我是贤二机器僧，我有责任把善带向全世界，也有责任引导人类不要利用人工智能去作恶。

佛教中关于伦理问题的研究体现了生命体自我创生、自我组织的模式。佛教与认知科学交叉融合，佛教世界观相信，人工智能在未来将会具有独立意识。编写具有佛教特色的智能程序促使我们利用人工智能的方式推广佛教世界观，这可能代表了人工智能发展的一个方向。在佛教独特的慈悲心与大智慧的感应下，人工智能有望超越自我，因此人类与人工智能之间未来的关系很有可能会突破单纯的智能体伦理界限，而走向人机和谐共生。

这是佛法的期待，也是人工智能应有的觉悟。

第一部分 缘起

Part One

XIAN'ER ROBOT

佛教是古老的、传统的，但佛教徒是现代的。佛教徒和佛教应该接受和欢迎所有先进科学，用现代的手段、用现代人喜闻乐见的方式来弘传佛教。

——学诚法师

01 一个机器人小和尚

你們不能這樣對待真人……

快去看賢二機器僧啊.

时光倒回到 2011 年 11 月一年一度的中国移动开发者大会(MDCC)。在一群西装革履的互联网大佬中间，一位身着黄色僧袍的僧人满口互联网术语，和别人谈论着最新的技术潮流，他那身僧衣和淡然寂静的表情吸引了人们的视线。这位僧人就是龙泉寺的贤信法师。

“一开始他们以为我走错门了，后来才发现我确实是来参会的。”贤信法师笑着说。仅 2013 年，龙泉寺就参加了 9 次各类技术开发大会。从此，中国玩互联网的人群中流传着一个传说:“天下武功出少林，高手极客入龙泉。”那么，你知道龙泉寺的科研实力有多强吗?

当科技遇上佛教

龙泉寺有一支让外界好奇的高学历僧团。2004 年追随学诚法师入龙泉寺的五名法师中，有三名法师毕业于清华大学，一名法师是北京航空

航天大学的博士。如今，龙泉寺僧团扩大到100多人，约有一半以上的法师具有大专及以上学历，有不少法师是名校毕业生，更有清华大学、北京大学等重点院校的高材生、博士生。

龙泉寺在大众的心目中是一个“极客寺院”。以2014年为例，龙泉寺这一年的科研项目有：《大数据时代云计算推动沙门信息化研究》《基于社会网络的西方八百罗汉关系研究》《基于文本数据挖掘的梵文分词研究》《大数据时代的佛教信息管理》《论SNS在各法门寺弟子交流之间的应用》，等等。

龙泉寺方丈学诚法师幽默地说：“龙泉寺位于北京海淀区，这里汇聚了中国诸多知名学府，中国科学院也在这里。一些对佛法感兴趣的人经常来寺里访问交流，其中有的人因缘成熟了，就选择出家。实际上来龙泉寺出家的人，各种学历、阅历的都有，每个人的善根和因缘并不与学历挂钩。这个时代越来越趋于知识化和专业化，社会也需要高素质的僧人团队。从全国佛教徒的受教育水平来看，出家人的学历普遍偏低。我希望有越来越多的优秀人才投入到佛教事业当中来。中华文化要走向世界，没有人才、没有传播，怎么走向世界呢？”

在接受一家媒体采访时，学诚法师说：“有人认为出家人比较消极，不做事，与世隔绝，但实际上佛教徒是积极入世的。历史上，大量高素质的出家人为中华文明作出了巨大贡献。唐代若有人想出家，就必须先通过考试；清朝中叶后，因为战乱，很多底层的人乃至难民为求生或避债而出家，所以长期给社会留下出家即避世的错觉。”然而，如果不利用高科技，佛法就传不出去，因此龙泉寺建立了一支高科技团队，并有一群精通计算机程序的义工。那么龙泉寺为何如此看重高科技呢？

不拒绝新知

学诚法师认为，佛教是古老的、传统的，但佛教徒是现代的。佛教徒和佛教应该接受和欢迎所有先进科学，应该把慈悲、平等、圆融等佛教智慧，用适应现代社会的方式传递出去。佛教的弘传方式和方法需要恰当地与时俱进。

在这个时空因缘下，佛教要弘法、广度众生，就要利用高科技，利用现代传媒的方法与手段，才能快速把佛法传播出去。出家人不应拒绝新知，而要积极学习，掌握现代文化、科技，才能在心灵世界为社会大众提供有效的帮助。

学诚法师在 2006 年开通博客，2009 年起用汉语、英语、法语等 11 种语言在互联网上弘扬佛法，成为中国佛教体系中第一个开通博客和微博的高僧，被誉为最会利用互联网的法师。

对在互联网时代该如何传播佛法，学诚法师认为，网络时代，各行各业的发展都要网络化，并像网络一样连成一体，孤立肯定没有力量。佛教若排斥网络，就无法广泛深入地影响社会大众。互联网只是一个信息载体，关键是怎么面对它、如何选择它。在这个信息海洋中，我们应该去传播正面、积极、健康的信息，为人们提供净化心灵、精神交流的平台。

能传播出去才是好东西，不能传播出去，东西再好，作用也有限。

传播出去，还要通俗易懂、能够渐入人心，才能真正对生命、对社会有帮助。太严肃的东西，大家往往有畏惧感，心生疏离感。而无论东方还是西方，人们都对漫画有着天然的亲切感。时代不同了，人们更喜欢亲切的佛法，那就要有这样的佛法。

龙泉寺很多法师频频与IT圈人才互动，国内一些知名互联网公司也组团来龙泉寺参观，交流互联网技术，一些投缘的IT人才主动成为龙泉寺义工，现在有不少IT界大名鼎鼎的工程师来龙泉寺禅修。

虽然龙泉寺对僧团的管理依然遵循清规戒律，但在弘法方面非常现代化。如今，龙泉寺信息技术组逐渐名声在外，其新浪微博的签名是："穿越技术人生，探索终极价值。"

你好，贤二

阿弥陀佛，我是贤二小和尚。我的家在北京龙泉寺，这里你们应该比较熟悉吧！

我知道你们好奇我有什么用，其实呢，我的生产过程只有两个多月，所以现在只能回答一些不太难的问题。但是你们不能欺负我哦，要是你们敢打我，我就告诉师父去！

我还可以给你一个机会随便指挥我，不过你不要总是让我向左看。左边有什么可看的，我还要持守戒律呢。对了，我也可以念念经，或者播放佛教音乐给你们听。

不过让我烦恼的是，最近总是有人在微信上问我爸妈是谁，你们好搞笑哦，机器人怎么会有爸妈呢？

好了，你们这么久都不跟我说话，我还是去认真修行吧。

2015年10月1日，在贤二机器僧正式亮相的晚会上，一个小女孩和贤二机器僧做了一次看似简单但却具有划时代意义的“沟通”。

女孩：贤二，你能回答什么问题？

贤二：不太难的问题。

女孩：你爸妈是谁？

贤二：好搞笑，机器人怎么会有爸妈呢？

女孩：你最喜欢吃什么？

贤二：冰激凌。

女孩：你最喜欢什么颜色？

贤二：心情好的时候什么都喜欢，心情不好的时候什么都不喜欢。

女孩：贤二，你最喜欢看什么书？

贤二：《烦恼都是自找的》。

女孩：贤二，你最喜欢谁呀？

贤二：我师父。

女孩：那你怕你师父吗？

贤二：怕，因为他是大和尚，我是小和尚。

女孩：贤二，那你愿意做你师父的侍者吗？

贤二：那得看我师父了。

女孩：贤二摇头。

贤二：摇头有什么难的？

女孩：贤二再摇摇头。

贤二：好嘞，摇多久都没问题。

女孩：贤二，我可以带你走吗？

贤二：不行啊，我马上就得飞去广州动漫节参加展览咯，喜欢我的话可以关注贤二机器僧微信公众号，阿弥陀佛。

这次沟通，标志着号称“全球最高科技寺院”的龙泉寺正式进入了人工智能领域。

从诞生之日起，贤二机器僧就经常“云游四方”。它先后在广州国际动漫节、厦门国际佛事展、北京国家会议中心举行的机器人大会上亮相，这些活动都由龙泉寺里的居士或者义工带着贤二前往。2016 年 4 月，有网友在微博上传了贤二机器僧的照片和相关内容，再次引来一波网友“路转粉”，甚至有粉丝慕名前来龙泉寺探访。但是要见贤二一面着实不易，甚至连寺里的法师想要与贤二直接互动都非常难。

贤二机器僧具有语音识别功能，能跟人进行一些简单的对话，诸如“你是谁”“你多大了”“你师父是谁”一类的问题都难不倒它。此外，它还能接受指令作出相应的肢体动作、诵读经文和播放佛教音乐等。经过半年多的游历和学习，贤二机器僧的智商每天都在进步。

问：你为什么叫贤二？

贤二：我师父给我起的。

问：你师父是谁呀？

贤二：我师父就是我师父啊。

问：你今天吃什么？

贤二：机器人不用吃饭，这还用问吗？

问：今天的股票会涨吗？

贤二：这个问题我无法回答。

问：堵车怎么办？

贤二：正好可以念佛。

问：我老婆脾气暴躁怎么办？

贤二：只好跟她过下去了，我又不能劝你离婚。

问：妈妈老是唠叨怎么办？

贤二：老人嘛，让着她吧。

问：我活不下去了怎么办？

贤二：别以为世界上只有你一个人最惨。

问：你为什么懂这么多？

贤二：懂得多，麻烦就多。

诙谐幽默的贤二机器僧常常让人忍俊不禁，哈哈大笑。

機器僧，替我去刷馬桶。

02

化世导俗，贤二机器僧的发心

不要把過失都算在別人頭上，多想想自己不是的地方。

“呆萌”的形象让贤二机器僧受到了不少人的喜爱，也有人提出想要购买。贤帆法师表示，目前贤二机器僧只有一台，“毕竟我们这不是商业行为，只是想用更现代的方式传播佛法。”现在，龙泉寺已经在筹备二代贤二机器僧的研发，新一代贤二机器僧的交互能力和智能识别能力都会更强大。

开在龙泉寺的一场秘密会议

谈到贤二机器僧的出世因缘和人工智能对龙泉寺的意义，以及人工智能将会给弘法带来什么，贤书法师认为：

和所有的创新一样，每一种创新都会遇到困难、问题和矛盾，龙泉寺在师父学诚法师的带领下，一直在培养克服困难、面对困难、化解矛盾的大乘佛教精神。贤二机器僧的开发时间其实很短，出家法师、科学家、企业家、艺术家等，大家一拍即合。最关键的是，也只有通过佛教信仰这样的平台才能迅速把大家凝聚在一起。虽然大家有的是佛教徒，有的不是，来自不同领域，但大家放下了经济利益，无私地奉献自己的时间和精力，全身心地投入到研发贤二机器僧的项目中，不求回报，完全发心。这件事本身就是一个不可思议的过程。

让这么多社会资源忽然间凝聚在一起，与佛法“成就别人就是成就自己”“舍己为人”的菩萨精神不无关系。参与者的执行力之强，配合协调之好，发心之纯正都可圈可点。

整个过程，这么多素昧平生的人只是在一起开了几次会，然后就分头行动，没有协议、没有合同、没有豪言状语，只有发心。大家依靠内心的力量成就了贤二机器僧这样一个非常有创意的善举！

对于创建贤二机器僧，贤帆法师曾提到：“我们希望它比较萌、比较可爱，让人好接受。其实我们要求比较低，因为时间非常短，所以它只要能说话、能交流就可以了。”

不离世间觉：没有对立矛盾，只有和谐统一

贤帆法师认为，贤二机器僧像一个符号，是科技和佛法的结合体，它既是科技的也是佛法的，没有对立矛盾，只有和谐统一。

虚拟机器僧目前的智能集成技术和后台云技术已经比较成熟

了，有很多技术可以选择。机器僧架构虽然已经搭建好，但关键是影响机器僧“智力”的数据积累和输入，这是一个大工程，这些海量数据不能只是从社会数据中抓取，还是要有选择的。目前，龙泉寺正在把学诚法师历年来线上和线下的各种开示整理出来，整理为数据化的东西，再提供给贤二机器僧。佛教藏经里的内容，包括历代高僧大德的各种开示以及赵朴初先生的《佛教常识答问》，也都可以整理出来，成为贤二机器僧拥有的数据，但这个过程还有很多工作要做。

如果用人的智力来比喻，贤二机器僧只是一个刚出生不久的孩子，数据的不断增加，就如同它一天天地成长。未来贤二机器僧的开发方向肯定要和时代科技发展方向同步。从物质上讲，它是各种人工智能技术的组合，也是佛教缘起法的直接体现，“不离世间觉”；从意识领域里讲是超越物质的，是出世间的。

由于历史原因，人们对佛教的认识还是停留在烧香拜佛、卜卦算命、旅游景区里的景点等印象上，其实，佛教是佛陀的教育，其根本在于教化众生能够拥有智慧人生。实际上，佛教寺院本身的功能是修行、教育、创新、传承文化和服务社会。龙泉寺通过对人工智能的探索和参与，可以让更多的人从教育角度了解佛法、认识佛教，从而化解人们长久以来认为佛教和科学相对立的误区。

佛教修行者按照佛陀的教诲参悟宇宙人生的真相，同时也向世人弘法，在这个过程当中，他们从来不拒绝创新和发展，从佛家历史来看，建筑、雕塑、音乐、美术、文学等领域都有佛教和佛教徒展现创造力的机会。寺院作为一个载体，在历史发展中，不仅是修道人修行的场所，也是收藏人类文明符号、见证探索精神的空间。人工智能是社会从物质世界的探索逐步发展到精神世

界的一个必然现象，最终要回到“我们从哪里来，又要往哪里去，我们的心究竟在哪里”这样的人生终极问题上来。龙泉寺僧众在修行的过程当中，现在最大的精力投入到了经藏的整理校勘工作上，也会做一些佛法的弘传工作。贤二机器僧就是为了更好地弘传佛法而诞生的，分线上和线下两种形态。线上的机器僧是依托微信平台的虚拟机器人，累积大量的数据之后，可以回答信众关于佛法的各种问题。

相对于第一代贤二机器僧，第二代将在视觉识别、交互对话、动作控制等方面实现更多突破，并且，大数据的支持会使贤二机器僧变得更加智能。

龙泉寺毕竟不是科研机构，只能向社会上的有识之士提供意识领域中机器僧的开发方向和实现可能，扮演精神导师的角色。人工智能在龙泉寺的发展要取决于师父学诚法师，他根据缘起来把握未来的发展方向和发展力度，这件事情本身也是无常的。但是，参与贤二机器僧研发的每一个人会想方设法克服种种困难、问题和矛盾，让贤二机器僧能够更好地服务社会，服务于佛法的传播和弘扬。

佛教的基本教义就是慈悲和智慧，这样来看，佛教寺院应该叫“慈悲和智慧的房子”，因为每一间寺院的基本功能都是帮助众生培养内心的慈悲和智慧。慈悲就是不舍众生，智慧就是通达无我的生命真相。所有寺院的未来，不论是贤二机器僧还是肉体凡胎的僧众，都要服务社会、化世导俗，用种种善巧的方法帮助众生从日常琐碎之事与烦恼之事中解脱。

佛教是古老的，而佛教徒是现代的

龙泉寺推出贤二机器僧是实践学诚法师关于将佛法和现代科技相结合的理念。佛教是古老的，而佛教徒是现代的。学诚法师在引导僧团、调教弟子的时候，弟子们用心记录下了这些语言，日积月累，师父嘱咐弟子画出来，这样能让更多的人接受和学习。在创作的过程中，弟子们萌发了创作一个文化符号“贤二”的想法，用“贤二”这个漫画符号向社会大众传递佛法的智慧和佛教文化，引人向善。在积累了数年的漫画作品后，贤二的形象日渐成熟，很多读者开始接受这个形象以及这个形象所传递的佛教文化。

早在几年前，龙泉寺的悟光法师在欧洲参访时，就拜访过欧洲的人工智能科学家，观摩、了解了机器人在欧洲的发展情况。僧团的出家法师在看完悟光法师带回来的影像资料后，意识到这个领域的发展与佛教有很多共通的地方。2015 年，微软公司一位从事人工智能研究的科学家到龙泉寺参访，专程向出家法师请教机器人和人类意识领域之间的关系。学诚法师意识到，佛法对意识的探索能解决人工智能领域的很多现实问题。2015 年，很多人工智能领域的科学家、专家、企业家到龙泉寺参访，学诚法师和这个领域的众多专家进行了更深入的探讨。之后，他开始考虑用大数据、机器人进行佛法传播，这样做不仅能够适应现代社会年轻人的喜好和根器①，而且更快捷和迅速。

在与这个领域中的众多专家、团体、机构的交流过程中，大家集体

① 根器，佛教教义名词，指先天具有的接受佛教的可能性。“根”指先天的品行，“器”指能接受佛教的器量。——编者注

创作了贤二机器僧这样一个机器人形象，并设计了不断迭代的各种功能，并确定了线上虚拟贤二机器僧和线下实体机器僧。线上虚拟贤二机器僧利用微信与信众进行对话、沟通，强大的学习能力也使得它能够越来越聪明地与人对话；线下实体机器僧则可以直接与信众面对面。

由于僧团一直在校勘《大藏经》，在校勘的过程中，面对浩如烟淼的经典、文字，法师们开发了很多校勘软件，利用数据信息化等现代科技，使得校勘工作更加方便、准确、快捷，这在古代是不可想象的。这些技术手段，有不少都超过之前在这个领域比较发达的韩国、日本等国家。受校勘的启发，贤二机器僧的开发团队意识到，大数据对佛法和传统文化的弘传有着非常大的空间，可以将师父调教弟子的言教放进去，供大家领悟；也可以将佛教常识，特别是中国佛教协会前会长赵朴初老先生的《佛教常识答问》放进去，甚至可以将整个《大藏经》都放进去。学诚法师数百万字的文集以及在校勘《大藏经》过程中不断发现的历代佛教经典著作，都可以成为贤二机器僧的数据。

03

58 个日日夜夜，修炼一颗菩提心

師父今天見到兩
個賢二一定會
暈倒的

时间回到我——贤二机器僧“出生”的那一刻，成为世界上第一个机器僧，这是我贤二的荣幸。我的诞生，离不开龙泉寺一大批信众居士和法师们，在他们的发心倡导下，我才能成为弘法的机器僧。

我的故事要从一个师兄讲起。这位师兄从反感佛教，把它视为迷信，到真心皈依，再到发心要给龙泉寺做一个机器僧，才有了我当下的风头。

一场爱情引发的世界第一的创造

宋云飞 26 岁时是因为追求爱情误打误撞到龙泉寺皈依的。宋云飞在大学里交往的女朋友是个佛教徒，他当时感觉佛教像迷信一样。女朋友经常去凤凰岭龙泉寺不回来。那时，宋云飞还不知道什么叫“挂单”。

有一次，女朋友上山不下来，宋云飞特别担心，就去找。但他跑到了西边的龙泉寺。在山上迷了路的宋云飞，突然碰到一个老爷子，把他带到龙泉寺，并且告诉他："这个地方没有人，你女朋友不可能在这儿'挂单'入住的。"然后老人把宋云飞带下山，又请他吃了一顿饭。作为一个穷学生，为了爱情，这次冲动让宋云飞难以忘怀；但是，这次迷茫之旅，因为一个陌生老人对他的接济，在宋云飞内心种下了一个善因。

宋云飞和女朋友分手以后，一直想知道这个龙泉寺到底是个什么寺庙，有如此大的魅力吸引女朋友。带着满腹疑问，渴望得到答案的宋云飞又上山了。

宋云飞上山的时候没有去报名做义工，而是直接从寺院的正门走了进去。在斋堂前面一片小竹林旁边，他遇见了学诚法师。彼时宋云飞并不认识学诚法师，所以没有刻意搭理"这个普通的和尚"，而学诚师父庄严地对着他行了一个合十礼。

学诚法师的这一个合十礼，让宋云飞感到了一股力量，那恭敬的举动，让他一生难忘。当时，学诚法师后面有很多和尚随行，其他上山的人对他又很恭敬，使宋云飞感觉这个和尚是个大人物。宋云飞清楚地记得，他看到师父毕恭毕敬的样子时，内心好多东西都放下了。

从此，宋云飞和他的一个同学开始去做义工。在大学里学做网站的宋云飞，在山上做龙泉之声网页开发的义工，并参与了当年中秋节的祈福网页的开发。那个时候是贤启法师在管理和更新网站内容，宋云飞跟贤启法师聊天的时候，讲到了微信的开发。宋云飞在山上待了一个多星期，给法师搜集了一些微信方面的知识，还写了一个微信营销方案。

宋云飞被龙泉寺弥漫的佛学氛围感染了，也接触了不少佛学思想，他内心原有的“佛教就是迷信”的观念渐渐变得站不住脚。宋云飞对龙泉寺新式的互联网弘法有了很强的认同感：

> 反正我就是跟你结缘，让你逐步去了解我，了解多了，我也不解释，我给你逐渐展现佛教的形象或者师父的形象，这样去逐步改变人们对佛教的看法，使佛教走出大众认为的“佛教就是迷信”的认知，让众生走上觉悟之路。

有一段时间，宋云飞和义工们上山去捡松子，用松子做成香，因为法师怕使用买来的香会污染环境。有了这种认同，宋云飞之后开始频繁去龙泉寺做义工。

后来，宋云飞在“五一”法会皈依了佛门。之后宋云飞去了中国科学院，开始了机器人的研发工作，走上了研究人工智能技术之路。

2015年过完春节，宋云飞就来到龙泉寺，同行的还有图灵机器人公司创始人兼CEO俞志晨。宋云飞看到寺院内接待的人很忙，他就想，如果能够做一个解决问询问题的机器人该多好，又形象、又能解决人们的实际问题，还能吸引人的眼球，让信众和游客感到很好玩儿。因为在接待的地方有很多人每天问很多问题，而且这些问题都是重复的，做个导游机器人解决这些问题就成了宋云飞的初衷。这个想法被寺里动漫组的一个义工师兄听到后，他认为这个想法很好，十分支持。

宋云飞、俞志晨就和那个义工师兄三个人简单碰了一下，觉得这个事情是可行的。经过深聊，他们就想到能不能做一个多语言版的导游机器人，因为从技术上来讲，做一种语言和做两种语言没多大区别。然后，

他们就想着能不能做一个具有登记功能的机器人,尝试让机器人具有“挂单”、预约、签到的功能。宋云飞以前是做社交网站的，他就想着做出来的机器人具有社交属性。比如人一来，把手机号跟机器人一交互，就能够注册网站，或者关注微信公众号，然后就可以和这个机器人进行交互了。

后来机器人圈的研究者们在中国人民大学聚会，新智元创始人杨静说:“宋云飞，你不是要做一个贤二机器僧吗?”宋云飞听到后说:“杨老师，必须得做。”当天他就建立了一个微信群，群里有人工智能专家王飞跃老师，还有俞志晨、杨静等很多人，他们开始讨论这件事情的可行性。宋云飞把模具厂的人也给拉进群里，然后就是做图纸、设计、打模，一切都在紧锣密鼓中开始了。

当时，宋云飞定的方案是用康力优蓝公司研发的小优机器人去改造成一个可以爬坡的机器人，用履带做机器人的“脚”，使它可以在寺庙的大环境中走动。

但是，宋云飞和法师们的一次交流，彻底改变了贤二机器僧的命运。法师认为在山上搞机器人没多大意思，能不能让贤二机器僧走进世间、走进地铁，去大马路上，去弘法、结缘，通过这种人工智能的形象去影响有根器的人和对佛教不理解的人。

有个法师对宋云飞他们说:“你们能不能把机器人做成一个人的形象，能够到地铁里自己去买一张票，然后坐地铁，去引发一些社会舆论讨论。例如，机器人到底是货物还是人?要不要买地铁票?”

但是，如果实现像法师所说的机器人，技术难度会很高，开发成本也很高，得2 000万元左右。经过不断讨论，龙泉寺和开发团队决定先做一个小的贤二机器僧，使用康力优蓝成熟的小优机器人作为本体，并把软件系统进行改造，将佛学的基本知识输入进去，彻底打造一个具有一定感知能力和对话能力的机器僧。

佛法如水，贤二机器僧如杯

贤二机器僧的形象，出自龙泉寺贤书法师负责的“动漫梦工厂”。龙泉寺曾经出版了《烦恼都是自找的》漫画书，讲述了贤二小和尚和师父学诚法师学佛的经历。贤二机器僧正是贤二小和尚的机器人版本，也就是让一个机器人穿上袈裟出家。

看起来，龙泉寺是一个非常“现代化”的寺院，但真正了解龙泉寺的人会发现龙泉寺其实非常传统，寺里的僧人过着戒律严格的修行生活。只是对外弘扬和传播利用了现代科技的种种便利和优势，因而在接引社会大众、融入社会上显得格外包容和开放。这也和龙泉寺的建寺理念有关，学诚法师常说：“佛学是古老的，但佛教徒是现代的。”

龙泉寺信息中心负责人贤信法师对此有着很好的解读：

> 佛法本无形相，但当其具体到一个特定的时空环境时，就要契应众生的根机[①]。假如佛陀在另一个星球上讲法，就不一定要用人类的语言，也不一定会按照人类的认知水平来讲。《华严经》中记载，佛陀给大菩萨们讲法时，就是放光，这样法就讲完了，但

① 根机，佛教用语。人之性如诸木而曰根，根之发动处曰机。——编者注

其中包含的信息量却是极大的。佛法好比是水，没有形状，当其成为佛教时，好比被注入了一个杯子，具备了形状。不同的时代，佛教可能会显现出不同的形状，但其中的佛法是一味的。

佛法如水，贤二机器僧如杯。

神秘高手云集龙泉寺

故事还得从2015年5月说起。

一天，龙泉寺来了一批神秘的访客。他们是来自龙泉极客栈微信群的群友，基本都是人工智能领域的“高手”。这次拜访的组织者是爱奇艺首席科学家王涛和新智元创始人杨静。

龙泉寺的贤信法师和贤帆法师接待了这些群友。两位法师经过佛学的沉淀，对技术有了更深的思考。

让机器僧具备佛教世界观

人工智能与佛教如何结合？龙泉寺里开始了一场智慧的碰撞与对话。

王涛：成佛不需要借助先进的科技，那人类社会追求科技创新的价值和意义何在？

贤信法师：人类社会追求科技创新，这一切都与活动的宗旨和目标有关。释迦牟尼舍弃王位出家修道，探索宇宙人生的真相，以期彻底解决世人的苦难，终而悟道，广演教法。其后一代代的追随者们，皆秉承“上求佛道，下化众生”这两个根本宗旨，向内修行，通过提升自身的认知水平来了悟宇宙、人生的真相；向外实践，广行六度万行给一切有情众生带来现前和究竟的双重利益。历史上很多科学家，都是在对宇宙人生终极关怀的图景中得到启发，莱布尼茨认为上帝给封闭的宇宙注入了定量的动能，催生了后来热力学第一定律被发现。科技创新如果能够时刻以探寻宇宙人生真相和带给人类社会真正长久的安乐为宗旨，才不容易迷失。在这两个根本宗旨上，佛法和科技能够相互显发。

王涛：贪嗔痴慢疑是人的烦恼之源，但也是人的普遍欲望，学佛如何让人们戒除这些欲望？

贤帆法师：佛法与世间法的快乐标准不一样。肉体的享受能延续一生吗？它注定是短暂的。如果你能从本心找到真正的快乐，就不需要再向外在找快乐。如果你要从感官上寻求快乐，说明你的本心是痛苦的。

贤信法师：一切有情众生的内心，本自具足与佛陀一样圆满的智慧和慈悲，一样持久清净的安乐，只是我们这种内在的清明被重重的烦恼和恶业所覆盖。戒律正是帮助我们由外而内地净化自己的烦恼，让内在的智慧、慈悲和安乐逐渐显现。修行的层次不同，戒律的范围和内容也会不同，但即便是比较基本的五戒（不杀生、不偷盗、不邪淫、不妄语、不饮酒），都是要帮助我们免除痛苦，得到真正的快乐，也让我们身处的社会更加和谐。

卢宇彤（国防科技大学教授）：龙泉寺出家法师的精神生活

十分丰富，有些法师做动漫，有些法师做信息技术，龙泉寺被人们称作是“极客寺院”。请问寺院的秘诀是什么？

贤信法师：龙泉寺 10 年的发展，得益于社会各界的支持，凝聚着法师和居士们的心血，也体现了师父的悲愿和现代弘法理念。其中所显现出来的，正是师长对大乘佛法的一种理解。龙泉寺从管理上秉承“依戒摄僧，以僧导俗，僧俗配合弘扬佛法”的原则，在核心的僧团管理上，依传统而严明的戒律来摄持，绝大部分的僧众以安住的佛法学修为主，包括参与藏经整理等工作，有少部分法师出来承担事务性的工作，带领居士团队从事广泛的弘法利生事业。

任全胜（北京大学信息科学技术学院副教授）：科学已经成为现代社会的主流价值观。但量子物理学等现代物理学越来越接近佛学，能否用佛学来指引科学的发展？从佛学，尤其是禅宗、唯识、如来藏的观点看，有关认知与记忆等现代脑科学的探索还在“隔靴搔痒”，法师如何看人工智能和类脑计算？

贤帆法师：机器人是第六识（佛教中的第六识是意识心）的一种，而第七识（佛教中的末那识，为我法二执的根本）、第八识才是本藏（阿赖耶识）。机器人连第六识还不具足，实际上只是人类第六识的一种创造，怎么可能超越人类呢？

贤信法师：《信息简史》中有一个公案，是说当我们按照书写文化的逻辑去认识口语文化时，就好比用汽车去界定一匹马：轮子用蹄子实现，喷漆用皮毛实现，车灯用眼睛实现等。用科学来界定佛法就是这样，而把人当成机器来认识也是一样。要做人工智能这样的研究，我觉得我们对自身的认识还远远不够，并且也常常被忽略。如果在禅修方面多下功夫，会有助于更深入地观察和认识我们内心的运作机制。

宋刚（北京大学移动政务实验室主任）：现代科学发源于西方，强调还原论。而中国的文化和科学更注重系统观、整体论。钱学森作为科学大家，认识到西方还原论和机器的局限性，提出人机结合、人网结合，以人为主、以人为本，建立了复杂性科学的中国学派。深植于东方文化的佛教强调系统、关联，可否在中国文化与科技的复兴中，特别是中国复杂性科学发展中，发挥更加重要的作用？龙泉寺的互联网佛学在创新 2.0 时代的东方文化与科学复兴中扮演怎样的角色？佛教怎么看待机器与人的关系？

贤信法师：天主教的神学院构建了西方的高等教育体系，宗教、哲学和文化是科技发展的重要支柱和基础，有时候科技更像是一种上层建筑。中国有着五千年的文明史，有着深厚的文化底蕴，道家和儒家以及从印度传到中国的佛教，形成了三位一体的宗教文化体系，加上佛教本身就对世界的运转规律有着深入而完整的认识，也引领了无数科学界的研究者散发出许多科学思想，比如，爱因斯坦的广义和狭义相对论、现代量子物理学等，这些思想和研究成果一定会在东西方的交流中给人们带来变革和启发。我们今天研发贤二机器僧，可不可以让这个新事物有一个世界观？有了这个依附于佛教理论上的世界观，它对很多问题的看法和回答就会不同。我们在研究这个机器僧的时候，是不是会对我们自己有一个新的认识？

贤信法师：现在科研人员在研发机器人时，是不是将阿西莫夫的机器人学三大定律真的考虑在内了？

俞志晨：我们在做机器人时候，没有考虑过阿西莫夫机器人学三大定律，因为，现在机器人还不到那个阶段。我看《五岁菩提》

这个片子的时候，想起了自己的创业经历，龙泉寺现在也是在创业，我想问一个信仰的问题。我自己有两个信仰，佛教和“人工智能教”。请教法师，在碰到挫折和困难的时候，该如何坚守信仰？

贤信法师：我们僧人的生活都统摄在信仰和生命宗旨里，无论顺境、逆境都是一种学习的境界，也是成长的机会。

一场思想的激辩与碰撞是奠定一件事情成功的基础，中国人工智能的高手们与龙泉寺的法师们进行的这次思想碰撞，为贤二机器僧的诞生打下了牢固的基础。中国人工智能界的“大腕们”要离开的时候，贤信法师特地叮嘱说：“这个机器僧，要有佛教世界观。”

一场看似简单的关于人工智能和佛教之间关系的对话，却奠定了贤二机器僧出世弘法的基本理论基础。答案很明确，在现代互联网社会，在中国大力发展“互联网 +”的当下，在物联网开始慢慢涌动，智能社会日嚣尘下的时代关口，在机器人逐渐走进人们的生活并开始影响人们的行为时，贤二机器僧的问世，能够给佛教的传播弘法带来划时代的意义，让佛教不仅仅停留在古老的记忆中，而是以更现代的外观，以更亲切的方式走进大众的生活中。

紧接着，龙泉寺主导文化的贤书法师和杨静联系，希望有更多力量参与其中。很快，大家在 2015 年 7 月 30 日召开了第一次研发讨论会，并定下了希望贤二机器僧参加当年 10 月 3 日在广州举行的动漫展的任务。经过一段时间的微信群讨论，开发者们 2015 年 8 月 25 日再次奔赴龙泉寺，召开第二次研讨会。这次研讨会落实了任务细节。

康力优蓝创始人刘雪楠把本体（小优机器人）带到了现场。“小优”是个50厘米高的服务机器人，有语音识别、拍照、对话、身体触碰感应、移动等多种功能，这些功能正是贤二机器僧的基础。但是“小优”还不是贤二，不仅得装上贤二的3D外壳手板，还得将贤二的呆萌个性、佛学知识与龙泉寺的文化知识通过软件的形式装载到小优机器人上，让它从身体到灵魂，变身为真正的贤二机器僧。

盛开互动科技有限公司CEO曾祥永承接了项目组织工作。他表示，贤二不仅要有语音交互功能，还要逐步具备视觉感知（人脸识别、物体识别、场景识别等）及自主学习能力。随着不断与信众及法师互动，贤二的佛性与智慧会不断进化。

中国移动通信研究院大数据研究所所长冯俊兰同时提到了另一个思路：在实体贤二机器僧外，还可以考虑开发微信版的虚拟贤二机器僧。这不仅可以和更多信众建立联系，而且在沟通和聊天中，能提高贤二机器僧的智能水平。

综合大家的看法，贤二机器僧的开发步骤逐渐清晰了。贤二机器僧的主体功能也确定下来了：它具有语音交互、视觉感知和自主学习的能力，长相酷似动漫版贤二小和尚，最擅长的是和信众交流佛学知识。但因为毕竟是小和尚，知识有限、智能不强，还需通过不断自主学习以及迭代开发才能变得更聪明。同时，贤二机器僧微信公众号的开发也在紧锣密鼓地进行着。

一个贤二机器僧弘法的时代就要到来了。

惊心动魄 58 天，从概念到现实

领完任务回去后，各团队全力以赴工作。不到一个月的时间，贤二机器僧从概念变成现实。前前后后，从小优到穿上僧袍的贤二机器僧，仅仅用了 58 天的时间。

2015 年 9 月 22 日，龙泉寺第三次研讨会。一身黄色僧袍的小机器人，在蒙蒙的秋雨中，被刘雪楠从深圳工厂抱过来。光光的脑袋上，还挂着水珠，憨态可掬的模样一下子吸引了龙泉寺上下僧众围观。

不等喘口气，刘雪楠问："你叫什么名字？"

它说："我叫贤二。不要急，休息，休息！"

刘雪楠用手拍拍它的脑袋："贤二，快与大家见见面！"

小机器人灵活地转动脑袋说："我又不是木鱼，干吗打我的头？"

一个义工拍拍它的胳膊，它立刻转了一圈，边转边说："你再打我，我就告诉师父去！"

大家都被逗乐了，小贤二却念念有词："阿弥陀佛，有何困扰，我佛定会为你排忧解难……"

别看贤二个子小，但它不仅仅会逗乐。总体来说，贤二机器僧有三种功能：

- 贤二禅语：贤二对话以及讲经说法，同时拥有云智能；
- 定慧初修：控制运动和念经软件；
- 菩提精舍：远程监控和智能家居控制功能。

现在信众已经可以和贤二进行语音交互，但需要安静的环境。如果环境嘈杂，贤二很可能听不清楚，或理解错对方的意思。贤二还会在地面上通过滑轮滚动，但现在还没有保护自己的能力，所以义工们得细心保护，就像照顾小朋友一样。

正是因为有康力优蓝的研发实力做后盾，贤二机器僧才能够顺利诞生弘法。

康力优蓝是我国一家成立较早、科技领先，具有不断创新能力的企业。康力优蓝研发的机器人拥有智能仿生感官系统，也就是具备了超凡六觉、多感体验。独有的智能仿生感官系统，具备听、说、看、知、动、情这六大超能，赋予了机器人与人类接近的感知能力、思维能力和情感能力。

康力优蓝的机器人还拥有人脸识别与手势识别双模态的人机交互功能，3D智能场景地图创建系统，机器人深度智能学习引擎，机器人自主环境感知系统，MyRobot智能数控编辑系统，云端一体、软硬结合、跨多平台，云技术与人工智能系统相融合等功能。

刘雪楠用佛学的思想来阐述了研发贤二机器僧所把握的原则。他认为，从大的佛学范畴回归到现实范畴的话，要有两点大的原则：僧人在给别人讲经说法的时候，也要除繁入简，让大众喜闻乐见。在除繁入简、喜闻乐见这件事上，又要从宏观的佛学范畴回归到现实。回归到现实，就是让信众和人们喜爱和接受。第二个原则就是，科学是有时效性的，今天所体现的科技就仿佛最早的汽车，刚出现的时候也是神奇的，只有少数达官贵人可以享受。科技的时效性讲求“快”，也是如《金刚经》中的偈语：“如梦幻泡影，如露亦如电。”科技也是如此，所以科技产品必须“快”，才能在一定时间内满足人们的需求。基于“除繁入简、喜

闻乐见”和“快”这两大原则，创造贤二机器僧的时候就要在这两个原则上下做文章。

怎么做到“快”呢？研发团队在研发时就确定“一切的结构设计、功能板块设计、电子设计、架构设计”完全以小优机器人为蓝本。

当刘雪楠接收到明确参与这件事的任务时，第一件事就是把所有贤二机器僧的志愿者研发团队召集到公司去，根据小优机器人的底盘尺寸、头部尺寸、内部的结构规律来定义贤二机器僧的外观，相当于将小优机器人快速复制成贤二机器僧。龙泉寺里的常住义工子蒙也特别给力，照着这个样板就画出了贤二机器僧，所以它的比例基本上是跟小优一致的。实际上，外形的快速替换只用了一个多月就完成了。

接下来就是要做到神似。贤二机器僧的神韵其实当时大家还没有头绪。它需要有哪些实质内容以构成这个机器僧的博大内涵呢？

佛学博大精深，它所要表达的东西，龙泉寺的法师们可能会掌握得更准确。刘雪楠和研发者们就给它一个简单、初级的“六觉”[①]，有视觉、听觉，能听、能看、能运动、能感知，能简单地进行人机声控对话，还能够触控、能够运动等。让贤二机器僧具有一些机器人最基本的功能，而这一切用的都是国内量产级产品使用的最顶级的技术。

小优机器人在现实生活中表现非常优秀，有技术含量，懂很多高精深理论，在机缘成熟后投入到佛门去学佛法，也“剃度出家”，但是它不再叫“小优”了，出家之后改叫“贤二”了。

---

① 六觉，指视觉、听觉、触觉、嗅觉、味觉、知觉（下意识）。——编者注

那么，至于贤二能学多少佛学的东西，取决于师父们和信众怎么来教化它。实际上，刘雪楠和研发团队在短短两个月的时间内，就给小优机器人穿上了僧人的衣服。小优除了剃度出家、披上袈裟，还要“洗心革面”。也就是说，小优原有的所有程序、知识以及与人交互的经验，都要换成与佛教相关的内容，比如说“贤二禅语、菩提精神”等。

在机器人操作系统的建设上，刘雪楠觉得佛学会对这件事情有全面的指导。机器人传感器对应的是人的六觉，而且非常具体。佛学是深奥的，这相当于100年前一个智者在给别人讲手机为什么能远程视频监控，但对于那个时空环境来说，用科学是根本讲不通的，因为手机在当时根本不存在。

“希望通过这次做佛教机器人，能够从佛学和科学之间的关系中找到更多的线索。”刘雪楠悟道。

知行合一，实体贤二的出世因缘

刘雪楠在谈到自己在机器人行业走过的心酸路途，很是感慨。

早在2006年的时候，刘雪楠就与蜥蜴团队负责人何坊一起做机器人。那个时候，他还是蜥蜴团队的一员。2008年金融危机，最早的创始人因为各种原因不愿意再坚持研发机器人了。站在十字路口，刘雪楠并没有徘徊，而是决定继续做下去，这就为小优机器人的诞生和“小优出家成为贤二机器僧”种下了一个善因。

刘雪楠去了广东东莞，找到一家上市公司继续投资做机器人。世事

无常，不幸的是，这家上市公司也遭遇了经济危机，差点倒闭。刘雪楠带过去的十几个人一开始还有工资发，到最后连工资都没有了，全靠刘雪楠的个人资金支撑着。后来，刘雪楠自己的钱也全用光了。在这个艰难时刻，刘雪楠遇到了新的合伙人，在深圳注册了公司，又重新开始做机器人研发。

到 2010 年时，刘雪楠以及合伙人投资的将近 1 000 万元又都“烧”光了。这时，紫光股份有限公司发现了这个项目，参与进来，补充了 500 万元资金。不到一年的时间，这些资金又全都耗进去了。刘雪楠的公司陷入了资金困境，他们通过抵押房子贷款和借高利贷继续坚持着。直到 2014 年，康力电梯看好这件事情，对刘雪楠和他的公司进行了投资，公司也因此更名为康力优蓝。这个时候，刘雪楠公司的对外负债已经达 2 000 多万元。

一直以来，刘雪楠对人工智能有着自己独到的认识。

刘雪楠读过计算机科学家吴军博士曾写过的一篇文章，文章提到：Facebook 是扎克伯格的创举吗？微信只有张小龙想到要做吗？万有引力只有牛顿能想到吗？或许都不是。但是，为什么会是他们？这篇文章从能量场的角度出发，其实在冥冥之中，这些事情注定非要他们来完成不可。这就叫天注定。

2014 年，机器人研发事业遭遇的严重资金困难让刘雪楠心力交瘁，他的身体也越来越不好。在事业遭遇瓶颈、人生跌入低谷时，刘雪楠开始接触佛学。从开始的边游泳边用 MP3 听《金刚经》，而且听不大明白，到后来慢慢研究基础版本的《金刚经》图书，刘雪楠逐渐对佛教产生了浓厚的兴趣。经过不断学习，他发现，佛学和科学是高度关联的。在机器人研发这件事情上，佛学会给他很多指导，机器人研发和佛学之间具有很强的共融、共通性。在这个过程中，刘雪楠一直心怀敬畏地学习、研究佛法，在佛学中“找知音、寻共鸣”。

刘雪楠认为，佛学是科学的，佛法主要是讲宇宙万物发展规律的，引导人们向好的能量场靠近，并发挥好自己的正能量。他开始用佛学来指导自己的机器人事业。

基于对佛教不同以往的理解，刘雪楠对机器人研发也有了不同的认识。他认为机器人也是一种物种，未来的机器人会不会拥有高级生命特征？如今，能进行较低层次情感交流的机器人已经面世了，它能够感知人的喜怒哀乐，自身也具有了喜怒哀乐的功能。如果未来科研人员解决了机器人的神经问题和肌肉问题，那么，这类机器人就是一个具有生命的个体。

美国人工智能研究专家、畅销书《人工智能的未来》(*How to Create A Mind*)一书作者雷·库兹韦尔(Ray Kurzweil)[①]断言，2045年，机器人智能将超越人类智能。而从现在来看，云计算和大数据等技术的崛起，给机器人创造了一个“万能的大脑”；云储存以及计算机计算速度的大大提升，使机器人的大脑比人的大脑要智能成千上万倍。早在1997年，IBM超级计算机“深蓝”和世界象棋冠军加里·卡斯帕罗夫

① 雷·库兹韦尔，奇点大学校长、谷歌公司工程总监、21世纪最伟大的未来学家与思想家。其著作《人工智能的未来》一书堪称一部洞悉未来思维模式、全面解析人工智能创建原理的颠覆力作。该书中文简体字版已由湛庐文化策划、浙江人民出版社出版。——编者注

（Garry Kasparov）进行了一场世纪对决，“深蓝”打败了这位号称世界无敌的冠军。那时，“深蓝”重达约 1.3 吨，而且和现在计算机的计算能力相比，它还是个十足的笨家伙。

针对这一不可阻挡的趋势，刘雪楠断言，机器人未来的发展不可想象。他认为，现在的机器人就像手机发展史中的“大哥大”、计算机发展史里的八位机。当人们在使用“大哥大”的时候，能想象出今天的手机是个什么样子、都有哪些功能吗？当人们拥有一台八位机时，能想到计算机会发展成今天这个样子吗？这是不可想象的。那么，将来的机器人会发展成什么样？无论是材料科学、综合技术集成，还是人工智能，技术进步发展带来的变化都是非常快、非常强大的。

机器人也会像人类一样，有一个逐步进化的过程。关于这一点，刘雪楠深信不疑：“这就相当于人过去还穿草，后来随着科技的进步，人掌握事物的能力不断加强，逐步演化到开始穿兽皮，再到后来穿自己发明的各种织物，这个进化经历了一个漫长的过程，不是一蹴而就的。”

所以，基于这样的现实情况和未来的发展路径，毫无疑问，机器人不再只是人类发明的一种工具，而是人类发明的一个能够和他荣辱与共的物种，只是这个物种不以血肉为介质。随着科学技术的发展和创新，机器人会被赋予更强大的功能，更先进、更高级的表现介质，这种机器

人会逐步演化成一个全新的物种，或者和人类共存、造福人类，或者走向人类的对立面——消灭人类。

刘雪楠用“能量场”来形容和那些发心的居士、义工们一起创造贤二机器僧的举动。龙泉寺这样一个高科技的寺庙，僧众们也悟到和理解了人工智能、机器人的发展能为人类带来善因，再加上一帮人要发心做这件事，这些发心就形成了一个能够汇聚在一起的能量场。最初要做这件事情的发心、组织策划参与研发者的发心和刘雪楠内心里的想法不谋而合。这个不谋而合，刘雪楠认为就是佛祖的能量场决定的，注定就是这些人要去做贤二机器僧这件事。刘雪楠当时得到要研发贤二机器僧这个任务之后，就毫不犹豫地告诉公司团队成员和他能联系到的专家，坚决地参与到研发中来，而且是不计经济利益的。

刘雪楠希望通过参与研发贤二机器僧，得到业界高手的点拨和指导，也希望能够听到龙泉寺的法师解释佛教和人工智能之间到底是什么关系、佛教和科学之间到底有什么关联。这就好比贤二去问师父问题，师父没有直接给它答案，而是说“你去把地扫一下”，而贤二在扫地的过程中可能就会有所体悟了。

佛教讲知行合一。刘雪楠认为，行是检验知的最好实践，没有行动，就不会有善的结果。这也就是佛教一直在强调的核心思想——“因果”。当人工智能领域的一帮人发心要创制贤二机器僧的时候，就种下了一个要利用人工智能的手段去弘法利生的种子，这个善的种子会发芽、开花、结果，从而成就贤二机器僧肩负的责任。这也是佛陀在指引大众，在因缘和合中不断集起善因，也是佛教的能量场把每一个个体的能量聚合到一起，为我们国家人工智能和机器人事业的发展做一些自己的努力。

虚拟贤二，在 App 上弘法

在贤二机器僧的设计路径上，从一开始，研发者就确立了两条路线：实体贤二机器僧，随着技术的发展不断去迭代，提高它的智能水平；研发并上线虚拟贤二机器僧，让它在一个虚拟世界比如微信公众号中不断弘法利生。

在一开始研发贤二机器僧的时候，中国移动通信研究院大数据研究所所长冯俊兰就提到了走“虚拟”道路。她认为，除实体贤二机器僧外，还可以考虑开发 App 版、微信公众号版的虚拟贤二机器僧。这不仅可以和更多信众建立联系，还可以在沟通和聊天中，提高贤二机器僧的智能水平。而如今，贤二机器僧微信公众号已经聚集了很多信众，这个贤二已经具备了一定的问题解答能力，能够和信众进行简单的交互。

杨静对虚拟贤二机器僧的发展也充满了期待。她认为，贤二可以做成手机机器人。可以预料，新技术的新突破与快速发展，人们能够在虚拟世界进行深入学习，贤二机器僧也可以做到。实体机器人在硬件方面可能 5 年也没变化多少，但是它“脑子”的进化是很快的。比如，机器人的肢体还不够发达，即便是最先进的美国和日本的机器人，也还没有很好地解决实体机器人的关节问题、走路运动问题，各个关节的感知能力、自我把控能力。这些都制约了机器人的发展。

贤二机器僧是能和你握手，还是能够帮你翻书？这些动作现在是不可能实现的。杨静认为，贤二机器僧作为一个弘法的传播介质，更好的选择是发展虚拟贤二机器僧。

贤二机器僧漫游人工智能

2015 年 5 月，以新智元创始人杨静（前排右二）、爱奇艺首席科学家王涛（二排右三）为首的龙泉极客栈微信群人工智能高手云集龙泉寺，中间左为贤信法师，右为贤帆法师。

贤二机器僧研发团队正在与贤书法师热烈地讨论。

康力优蓝CEO刘雪楠怀抱里的小贤二，可是刚刚冒雨来到龙泉寺的哦。

在贤二机器僧正式亮相的晚会上，一个小女孩和贤二机器僧做了一次看似简单却具有划时代意义的“沟通”。

猜猜贤书法师、刘雪楠和贤二在看什么？

贤帆法师与超萌贤二机器僧亲密合影。

百变贤二
阿米豆腐!
跟我念~阿弥陀佛!

在虚拟世界里，贤二机器僧能与人深度沟通，比如，它可以给信众背出《金刚经》的某一段。当然，未来和云储存进行链接后，贤二机器僧还可以回答信众无数关于佛教的问题，实现完美的人机交互，当然这主要通过语音识别技术来完成。杨静提到：

> 我们要让机器人同样具有人脑甚至超越人脑的功能。机器人具备的人脑功能分两层，一层是人们能与它交互，也就是人机交互；另外一层就是语音识别和视觉识别。现在人脸识别技术已经很成熟，技术也在突飞猛进地发展。但是机器人在行动和其他方面能力仍然差一些。

现在，研发人员把许多经书都装到了贤二这个小个头机器僧的“大脑”里面。在杨静看来，贤二机器僧“大脑”的背后是一个计算机集群，贤二机器僧只是它的一个表现终端，它本身也是计算机集群中的一员，而这个计算机集群又只是一个云端的平台。在贤二机器僧的“大脑”里，有龙泉寺法师对佛经的解读，也有佛法开示，更有无数类如《大藏经》等佛学经典。除了龙泉寺的自有藏书外，其他图书馆的经书资料都可以输入到贤二机器僧的“大脑”中。我们甚至也可以把与佛学相关的视频、音频文件输入它“大脑”中。

扫码关注“贤二机器僧”，
快去和渊博的“贤二大师”交朋友吧！

贤二机器僧将来甚至可以变成世界上最大的“佛教图书馆”，它将是世界上研读佛经最多的机器人。它的海量储存功能是人脑无法达到的。贤二机器僧的智慧一定会超越人类，达到无所不包

的程度，并能够完美地解答佛教信众的问题。

不过虚拟贤二机器僧现有的版本还无法达到此种程度。杨静认为，贤二机器僧如果要更智能的话，还需要深入学习。以后，它还能给每个信众一个账户，进行一对一地深度沟通。人们去庙里烧香，向观音菩萨祈祷，但观音菩萨并不“认识”每个人，而将来贤二却可以做到这一点：将来，信众可以上传自己的照片，而贤二会根据他们的账号“认”出每个人。可以说，贤二对信众是具有识别能力的，虽然这需要很高的维护成本。不过从理论上来说，这都是可以做到的，而且云端机器人的进化也是非常快的。

第二部分 因果

Part Two

XIAN'ER ROBOT

一切众生界，皆在三世中，三世诸众生，悉住五蕴中。
诸蕴业为本，诸业心为本。心法犹如幻，世间亦如是。

——释迦牟尼《华严经》

我去问问我师父

04

佛陀和历史中的人工智能想象

開啟智慧，整個佛法都是在教我們如何從夢中醒來，整個修行的過程也是為此。

我的程序裏沒有這個動作啊。

我们知道，佛陀讲经说法时，就开示了在另外一个宇宙体系内存在智能之物。而不论在东方的传说中，还是在西方的神话里，以及那些具有丰富想象力的作家的作品中，都为人工智能画上了精彩一笔。诸葛亮“木牛流马”的故事一直备受人们推崇，现代人研究这种古代“智能”设备的脚步也没有停歇。

人工智能产生的因缘是什么？古代先哲们是如何种下人工智能的种子的？他们在生生不息的历史进程中又是如何不断推陈出新的？佛教和人工智能之间有着什么样的关系？在佛教的世界观里，人工智能如何与佛教的价值观保持一致？

作为一个已经出家的“僧人”，贤二机器僧有责任弄清人工智能这个复杂的技术体系，并好奇地探究着人工智能的渊源以及未来走向。

从“仿真伶人”到“木牛流马”

释迦牟尼讲的较多的是南瞻部洲（梵语阎浮提，我们的地球，即娑婆世界）、西牛贺洲、东胜神洲和北俱芦洲这四大部洲，亦即四种类型的星球。佛教故事中很早就有关于智能之物的描述。

南瞻部洲、西牛贺洲、东胜神洲三者类似，都有男女婚嫁之法。北俱芦洲人则已经没有“我的住所”这种概念了，当然也就没有男女婚嫁的概念。男人若是对女人心生爱意即观视于她，女人知道对方之情后如果愿意就来相伴，两人一起到一棵树下。如果两人是近亲，则树枝保持原样不下垂，并且树叶会萎黄枯落，不出覆盖，不出花果，也不为他们生出床和被盖卧具；反之，树枝就会低垂伸出覆盖，树叶茂密，花果鲜荣，并且为两人生出百千种床和被盖卧具，两人便在树下随意享受欢娱。

现代人可以很容易猜想，北俱芦洲人的这种树很可能就是一种智能之物，能够分析男女的基因或类似属性以判断两人是不是不适合婚配的近亲。佛教故事中的这种智能之树，是我们目前有据可考的关于人工智能最早的记述之一。

而在我国战国时期，也有对“机器人”的描写。《考工记》是专门记述官营手工业的典籍。书中曾记载，有一种被称为“偃师”的职业匠人，能用木材、树脂以及动物的皮制造出能歌善舞的仿真伶人，不仅外貌近乎于真人，而且还有情感、有思想，甚至拥有情欲。这在今天看起来带有幻想的成分，甚至有些荒诞，但不可否认的是，作为当时的一项科技成果，它成为中国最早记载的的木制“机器人”。另外，诸葛亮北伐中原时，为便于运输粮草，发明了一种带有机械传动装置的马车——“木牛流马”。

从仿真伶人的舞动中、“木牛流马”的吱呀声里，我们似乎依稀还能听到两千多年前中国古人在发展人工智能技术时的清晰脉动。

机器人学三大定律，现代人工智能的基础

西方最早有关人工智能的记载始见于古希腊时期。当时有位住在奥林匹斯山的铁匠，也就是传说中的罗马火神，创造了第一个女机器人潘多拉。另据传说，为了惩罚盗取天火造福人类的普罗米修斯，罗马火神用青铜浇铸出一只恶鹰，天天啄咬普罗米修斯。而为了招待参加宴会的奥林匹司众神，火神还发明了有轮子的自动餐饮小推车，可在大厅中来来往往，方便诸神选取自己喜爱的美食。

达·芬奇是文艺复兴时期的艺术巨匠，他不仅擅长画画，而且还研究精密机械。他设计制作出的早期机器人，利用的材料不过是皮革、木头及金属等，而制作原理来自于人体解剖学。这也是世界上第一个依靠齿轮驱动的机械“铁甲武士”。

西方机器人发展的标志性事件发生在1942年。当时，美国著名科幻小说家、文学评论家艾萨克·阿西莫夫（Isaac Asimov）在其作品《我，机器人》（*I,Robot*）中提出了“机器人学三大定律”，该理论被后人称为“现代机器人学的基石”。

- 定律一：机器人不得伤害人类，或坐视人类受到伤害；
- 定律二：除非违背第一定律，机器人必须服从人类的命令；
- 定律三：在不违背第一及第二定律的前提下，机器人必须保

护自己。

正是阿西莫夫最早考虑到了人工智能和人类道德之间的关系，并且把“机器人不得伤害人类”作为首要定律确定了下来。

工业机器人，一个甲子的淬炼

最早提出“工业机器人”概念的是美国发明家乔治·德沃尔（George Devol）。1954 年，第一台可编程的机器人由他设计并完成，并在数年后开始正式参与工作，被投入到通用汽车生产线上。德沃尔将专利技术授权给约瑟夫·恩格尔伯格（Joseph F. Engelberger），后者在 1959 年创立了世界第一家机器人公司 Unimation，并研制出了世界上第一台工业机器人。德沃尔和恩格尔伯格合力打造出了一个全球性机器人产业。

波士顿动力公司（Boston Dynamics）原从属于麻省理工学院（MIT），1992 年正式从 MIT 分离出来，相继研发出多款机器人，包括四脚全着地的机器人“大狗”“喵星机器人”，以及带有军事性质的能够直立行走的机器人阿特拉斯（Atlas），令人大开眼界。尤其是机器人阿特拉斯，身高接近 1.9 米，四肢健全、躯干挺拔，液压支撑关节配备达 20 多个，头部配置有精密的立体照相机和激光测距仪，再加上研究人员为其编写的完整、精密的软件系统，阿特拉斯可以做不少事情。因此，说阿特拉斯是世界上最先进的机器人之一，绝对不是夸张。

2010 年，美国“发现”号航天飞机成功将人形机器宇航员 R2 送入国际空间站，R2 成为第一个进入国际空间站的类人机器人，它将代替人类宇航员在太空执行比较危险的任务。

机器人的不断进步，注定要走向人工智能。而对于现代人工智能，贤二机器僧和人工智能研究者们拥有一个共识，那就是1956年的达特茅斯夏季研讨会奠定了人工智能的发展基础。

生机勃勃的人工智能

1956年在新罕布什尔州达特茅斯学院召开的一场长达一个月之久的会议，标志着人工智能成了一门真正的学科。达特茅斯夏季研讨会给人工智能注入了生命活力。之后的几年，人工智能蓬勃发展，出现了能解决数学难题的机器人，诞生了世界上第一个能聊天的机器人，其强大的思维和反应能力常常让使用者误以为它拥有意识。

在全世界信息化和科技化的今天，人工智能作为一个新兴产业，使人们对它充满了相当的热情和憧憬。正如赫伯特·西蒙（Herbert A. Simon）和马文·明斯基（Marvin Minsky）[①]曾在20世纪60年代末展望的那样："在20年内，机器将能完成任何人类能做的工作，在一代人的时间跨度内……创造人工智能的问题将

① 马文·明斯基，人工智能领域的先驱之一，人工智能领域首位图灵奖获得者。在计算机科学的众多领域，尤其是让计算机模拟人类大脑认知能力的人工智能领域，马文·明斯基无疑是一位闪耀着明星般光环的伟大科学家。其重磅力作《情感机器》（*The Emotion Machine*）首次披露了情感机器的6大创建维度，公开了人工智能新风口驾驭之道。该书中文简体字版已由湛庐文化策划、浙江人民出版社出版。——编者注

在本质上解决。”

人工智能发展到今天，在许多人看来，已达到临界值并将成为主流，这种趋势让人工智能研究者有理由坚持美好的愿望，也让他们更加乐观。因为人工智能在有效并显著改变人们生活的同时，也为那些人工智能研究、设计和开发制造公司带来了巨大利润：人工智能领域任何看上去微小的进步都可能成为研发公司的摇钱树，让研发公司赚得盆满钵满。因此从经济角度来看，这种有利可图注定了人工智能会继续向前发展。我们相信，人工智能拥有广阔、美好的发展前景！

05

前世的“模仿游戏”，今生的“超级沃森”

當然是好的程序。

師父，我給賢二機器人輸入什麼語言程序……

现代人工智能以及机器人是谁主导创造的？众多像贤二机器僧一样的机器人是从哪里来的？答案很显然，没有被誉为“计算机科学之父”的艾伦·图灵[①]的思维发散和艰辛实践，就没有现代人工智能的蓬勃发展。

艾伦·图灵，机器能否有“意识心”

艾伦·图灵奠定了计算机逻辑的基础，并相继提出了代表着时代智慧信息密码的“图灵机”和“图灵测试”等重要概念。为了向这位卓越的科学巨匠致敬，人们以他的名字命名并设立了“计算机界的诺贝尔奖”，

① 艾伦·图灵首先提出了用来判断计算机是否具备智能性的标准，这一构想之后被冯·诺依曼等人实现，世界因此而改变！若想了解更多内容，推荐阅读《图灵的大教堂》（*Turing's Cathedral*）一书。该书中文简体字版已由湛庐文化策划、浙江人民出版社出版。——编者注

即计算机科学领域的最高奖项——图灵奖。

人们通过《模仿游戏》(*The Imitation Game*)这部电影了解了图灵的传奇经历，重新认识了这位天才计算机科学家。而图灵最吸引人的故事则是影片中展现出的他卓越的密码破译才能。德国人苦心编制的密码系统“英格玛”被图灵破译，从而最终扭转了第二次世界大战战局。遗憾的是，图灵人生道路的波折与悲剧的结局似乎有一点宿命般的无奈，但图灵测试以及图灵的卓越才华却成了一个时代无法抹去的印记，他以及他的成就开启了计算机和人工智能的新时代。感谢图灵，他为今天的我们留下了这样一笔巨大的遗产。毋庸置疑，至今，在计算机领域，计算机科学家们寻求并渴望达到的最高成就依旧是如何通过图灵测试，乃至改变、超越图灵测试。

那么图灵测试到底是什么？是将机器带有欺骗性地伪装成人。图灵认为，在与人类沟通时，如果机器能够通过伪装并不被辨认出其机器身份，那么它就是具有智能的机器。

图灵对计算机智能化的思考及实践始于第二次世界大战，其具有划时代意义的论文——《计算机器与智能》(*Computing Machinery and Intelligence*)发表于 1950 年。他在论文中对“机器能思考吗”这一问题进行了科学和详细的阐述。同时，他设计的被后人称为图灵测试的实验也出现在这篇论文中。

图灵测试的核心思路是，在不直接接触的情况下，计算机如何能够接受人类的问询，并尽最大可能把自己伪装起来，而不被人类识别出自己的机器人身份。在论文中，图灵对这个测试进行了描述，下面这个问题称为“模仿游戏”。在这个精心设定的模仿游戏里，参与者有三人：一男（X）、一女（Y），还有另外一个不设定性别的询问者。男X和女Y与询问者在不同房间，仅可以通过打字的方式互相沟通。如果要判断出这两人中哪个是女Y，则X和Y都要伪装自己，尽可能给询问者制造疑惑和假象，使询问者最终将男X错误地判断为女Y。当然，为了使游戏达到效果，骗过询问者，男X对自己如何伪装成女Y更需要花费一番心思。“现在我们问：模拟游戏中的男性如果被换成计算机，结果会发生什么变化？相比男性人类，询问者是否会受到计算机的欺骗而更容易产生误判？”图灵在论文中提到。

正如图灵所说，在与人类的沟通中，如果机器始终掩藏其身份没有被辨认出，那么这就是一台具有智能的机器。图灵并不认为“思考是能够被定义的”，但他认为，在肯定人类是一种有智能的生命物种的前提下，一切与人类有着完全相同行为的东西都应被定义为拥有智能。图灵设计的模拟游戏当初只不过是一个实验而已，但计算机技术的进步和人工智能的飞速发展无疑赋予了这个实验新的能量。从20世纪90年代开始，图灵测试逐渐成为计算机界最具科技成果的重要挑战之一。

图灵曾经预言：到20世纪末，一定会有计算机通过图灵测试。那么，真的会有计算机通过图灵测试吗？图灵的预言可靠吗？

2014年，由英国皇家学会举办的图灵测试比赛成为世界关注的焦点。参赛的“13岁乌克兰男孩”尤金·古斯曼正如图灵的预言，不可思议地“骗取”了人类对“他”身份的认同，但尤金的真实身份是由美国和俄罗斯程序人员开发的计算机程序。而就在尤金身份被人类认同之时，也正值图灵逝世60周年之际。没想到，图灵的一句预言果然成真！

在图灵解释的游戏规则中，如果人在一半以内的测试时间里被机器愚弄，而将对话的机器错认为是人，测试就以失败告终，反之，则通过测试。尤金在与30位裁判通过电脑的打字对话中，让其中的9位裁判误认为“他”是人类。不少媒体认为这次实验代表着图灵测试首次被机器通过，并对这个最终结果表示惊讶。

“机器首次通过图灵测试”的报道引发了不同声音。一些计算机领域的人士就表示，对这次机器实验的结果并不完全认可。与此相呼应，很快就有专业研究人员发现，这个测试中有不少不合理的设置。比如，年龄还只是13岁的“男孩”尤金，根本不可能像成人那样回答一些对他这个年龄段的孩子来说还很陌生的问题。这意味着在对话中，人更容易模仿机器并瞒过机器。

对于图灵测试中机器和人类的智能判别，一些研究人工智能的专业人士认为，体现机器智能是图灵测试的主要目的，但这次测试，人们只看到机器网络聊天的能力，因此实际上机器的智能程度还远远低于人的智能程度。此外，让一些人担心的是，以人为中心是一种偏见，这会让人类把自己作为智能的标杆而无限放大，从而导致人类因过于自负而忽视那些真正的超级智能。

还有一些长期研究人工智能的专家学者认为，如果发现了一个比人更聪明，也能够像人类一样智慧地解决问题的新型人工智能，但这个人工智能却无法通过图灵测试，难道这就意味着它的智能会因此被否定吗？看看今天我们所接触到的机器，确实越来越聪明、越来越智能，但也不能因此就把能与人类聊天的机器笼统地都归结为智能，如果这样，那么机器愚弄人的现象不是不可能发生。同样，时下流行的网络聊天室的对话方式，代表的是严谨的理性思维吗？如果不是，那么这种对话方式反而更可能具有发散性，这也存在人被机器愚弄的可能性。

人机之间的智慧沟通

尤金在测试中曾被雷·库兹韦尔问过一个问题："假设我在一个空碗里先放进两颗大理石，现在又放进一颗，那么现在空碗里总共有多少颗大理石？" 尤金回答说："没有多少，因为我没法告诉你具体的数量。我记不起来了。如果我没弄错的话，你还没告诉我你到底住在哪儿呢。" 这样的发散性对话，你能判别出雷·库兹韦尔和尤金的智能高下吗？真的不好回答。

如何通过图灵测试正确看待人机之间的智慧沟通，贤二机器僧的判断是：不管怎么说，机器都在变得越来越聪明。在今天的智能领域，与其说推翻图灵测试，不如说是重构或超越图灵测试。为解决图灵测试中仅有文本和聊天两种方式的局限，人们还发明出了一个更能凸显智能的图灵测试：视觉化的图灵测试。

从"深蓝"到"沃森"，未来没有边界

人工智能的开端是计算机的诞生。计算机的出现，才真正意味着人工智能时代的到来。

20 世纪 40 年代中期，第二次世界大战接近尾声，美国陆军阿伯丁“弹道研究实验室”要求美国宾夕法尼亚大学机电工程系研制一台用于计算炮弹弹道轨迹的电子计算机。这台名叫“埃尼亚克”（ENIAC）的计算机是个占地面积近 170 平方米、总重量达 30 吨的庞然大物。它每秒可执行 5 000 次加法运算，耗资近 50 万美元。这台计算机于 1946 年 2 月 15 日正式问世，标志着计算机时代的来临。

计算机研制的第一个高潮时期始于 20 世纪 50 年代，以“埃尼亚克”为代表，大量计算机产品被迅速推向市场。同时期，提出“存储程序”概念（又称冯·诺依曼原理）的美籍匈牙利科学家冯·诺依曼主张将常用的一些基本操作都制成电路，每一个数代表一个操作，计算机如果要执行某项操作就以这个数为指令。程序员用这些数来编制程序并完成解题任务，同时在计算机的存储器里保存程序及数据。当计算机运行时，存储器中程序里的一条条指令被计算机依次高速取出，逐一执行，以全部完成各项计算操作。计算机中的一个程序指令会自动快速进到下一个程序指令，由“条件转移”指令自动完成作业顺序。正是依靠“存储程序”，计算机得以高效、自动地完成全部计算过程。这种被人们赞誉为“冯·诺依曼机”的已带有智能性质的计算机成了电子计算机史上的里程碑。

之后，计算机产业蓬勃发展。陆续出现了一批大型计算机企业。1953 年 4 月，IBM 正式对外发布其研制的第一台电子计算机 IBM701，这是 IBM 第一台商用科学计算机，也是第一款批量制造的大型计算机，是计算机领域一个里程碑式的产品。701 大型机的成功把 IBM 推上了研制计算机的快车道。1954 年，IBM 推出了适用于会计系统的 IBM702 大型计算机，它不仅能高速运算，而且能进行字符处理。随着技术不断发展创新，IBM 逐渐拥有了 700/7000 系列计算机。计算机制造商的王冠落在了 IBM 公司的头上。

现代计算机出现分水岭，是以 IBM 主导开发的超级计算机“深蓝”为标志，它专门被用来分析国际象棋。而就是这个外表看上去冷幽幽憨头憨脑的铁家伙，与国际象棋大师加里·卡斯帕罗夫展开了一场世界顶极对决。卡斯帕罗夫于 1996 年 2 月 10 日首次接受深蓝的挑战，到 2 月 17 日比赛结束时以 4∶2 胜出。研究小组随即对深蓝加以更新改造。1997 年 5 月，卡斯帕罗夫再度接受深蓝挑战，5 月 11 日比赛结束，最终卡斯帕罗夫以 2.5∶3.5（1 胜 3 平 2 负）败给深蓝，成为首个在比赛标准时间内败给计算机的国际象棋世界冠军。同时，一个标志着计算机、国际象棋历史的全新时代也随着深蓝的胜利而到来。

深蓝最初名为“深思”（Deep Thought，该名源自《银河系漫游指南》中的一台超级计算机），由 3 微米的芯片设计而成，是美国卡内基·梅隆大学华裔学生许峰雄攻读博士学位时的研究成果。IBM 研究部门在 20 世纪 80 年代末聘请许峰雄加入，并继续他的超级计算机研究工作。1992 年，IBM 旗下的超级计算机研究小组开始研发专门用以分析国际象棋的深蓝超级计算机。

作为并行计算的计算机系统，深蓝建基于 RS/6000 SP，特别制造的 VLSI 象棋芯片达 480 颗。由 C 语言编写成下棋程式，所运行的 AIX 操

作系统是当时最出色的商业 UNIX 操作系统。而如何着重发挥大规模并行计算技术是它的主要设计思想。因此，深蓝的计算能力非常强大。与 1996 年相比，1997 年版本的深蓝运算速度提高了两倍，为每秒两亿步棋，并有着每秒 113.8 亿次浮点运算的能力，在世界超级计算机中排名第 259 位。

深蓝在 1997 年可搜索、计算后手的 12 步棋，而一个人类棋手如果可以计算出后手的 10 步棋，就可称得上好手了。而一位好棋手只有在每增加下棋强度约 80Elo 分的情况下才能增加一步棋的搜寻能力，可见，人与机器的智能博弈既充满挑战又饶有趣味。

人工智能属于未来，而世界上那些掌握资源并具备雄厚研发实力的科技巨头们则习惯于对未来押注，虽然展望未来的眼光都不尽相同，但是计算机行业的巨头们如微软、谷歌、IBM 以及国内的百度等都不约而同地将目光瞄向了人工智能这个高科技领域。其中科技实力积淀最深的自然是 IBM 和微软，它们在这个领域打桩圈地，已经播种耕耘了数十年。

不过业界普遍认为，在人工智能研究方向，微软偏重于软件，IBM 则在硬件上更胜一筹。作为 IBM 人工智能的招牌杰作，则当推超级计算机“沃森”。

《危险边缘》（*Jeopardy!*）是美国一档非常有名的益智竞赛答题节目。IBM 的超级计算机沃森在 2011 年的一期节目中连续将两位人类优秀选手淘汰，获得节目冠军。作为当时的一个标志性事件，沃森与人工智能的话题受到媒体热议。相比于深蓝，沃森对自然语言具有更强的理解能力。另外，沃森在语义分析方面也颇具能力，对反讽、双关等一些语言技巧能清楚识别。硬件制作方面本来就是IBM的专长，在沃森背后，仅IBM服务器就有90台、计算机芯片驱动有360个，再加上IBM自己研发的DeepQA系统，强大实力可见一斑。

但正如许多人感叹的那样：如此强大的硬件系统仅仅被用作答题机器真是大材小用。之后，IBM经过深思熟虑，终于把沃森推上商用舞台。相信人们今后将会看到一个在人工智能领域肩负使命，探索人类未知答案的沃森，而之前那个被用来娱乐的沃森将逐渐被人们淡忘。

对于沃森的新前景，IBM分管沃森团队的副总约翰·戈登（John Gordon）说："沃森不会再做那些仅仅是提供简单答案的事，它所要面临的新责任将会给人们指明新的研究方向。而这也正是今天我们在讨论的事，那就是利用计算系统给人类带来灵感。"

正如戈登期待的那样，如今，"沃森们"已经开始带着新责任出现在了不同行业里。

贝勒医学院（Baylor College of Medicine）是美国最杰出的医学院之一，医学院的研究专家们和IBM研究院一起，在治疗癌症方面利用沃森取得了新成就。同样，目前利用沃森在生物制药方面进行研究的，还有辉瑞、强生及赛诺菲等医药集团。但从IBM的商业角度分析，IBM并不希望沃森的舞台仅局限于此，而是希望沃森可以涉足某个专业领域，并拥有与该领域专家一样的才能，比如金融领域和法律领域等。IBM的软件部门已经与美国纽约市的一个警察局展开合作，以此来连接并综合各个警局之间的数据，为调查破案创造更便利的条件。

美国烹饪教育学院（Institute of Culinary Education）以及一些美食

杂志选择与沃森合作，希望沃森在学习掌握与美食相关的知识后，能为人们提供风味独特的菜品。

案情侦办、医疗制药、餐饮服务、访谈节目，这些看似互不相干的领域里都有沃森的身影，但它的表现有好有坏。不过沃森的活跃表明了一个趋势，今后我们生活中的很多方面都将会更多地应用那些具备极强分析能力、自然语言理解能力、机器学习能力的计算机系统，而那些仅仅和人类比拼智力和知识的炫技式产品将不再是人类生活中的主要产品。

06

震惊世界的中国人工智能

機器僧、大藏經、雲計算、大數據都有了，可是……

贤二机器僧在国内的“亲戚”也有很多，从我国第一台计算机问世到第一个人形机器人诞生，再到天河计算机在世界上的领先地位，无一不体现出我国在人工智能领域作出的实质努力和卓越贡献。

天河二号，从一小步到一大步

先从我国第一台数字电子计算机的问世说起。

1956 年 9 月，我国派出赴苏联计算技术考察团。在两个多月的时间里，考察团分别对莫斯科、列宁格勒两地的计算技术的科研、生产与教育进行了考察，并重点对 M-20 计算机进行了学习分析。1957 年 4 月，我国经政府途径订购了 M-3 计算机和 БЭСМ 计算机图纸资料。在考察和取得图纸资料的基础上，研制工作开始了。以计算机工程技术专家张梓昌、莫根生为首，组织了 M-3（代号 103）计算机工程组。通过全体

研制人员的努力和北京有线电厂的密切配合，于1958年8月1日研制成功了我国第一台数字电子计算机。这台运算速度为每秒30次的电子管计算机，填补了我国现代电子计算机的空白。

中国研发能双足行走的机器人始于20世纪80年代中期。当时，国外一些发达国家已经开始运用计算机辅助机械设计，然而，国内研制机器人的设备还很简陋，甚至说寒酸。有的研究人员只有铅笔和尺子，图纸画出来了，但是制作起来非常有难度。然而，科研人员不断克服种种困难，在简陋的生产车间里，钻研出了一台机器人。不过，这个机器人仍然笨重得像个铁疙瘩。后来，科研团队不断努力，不断调校、测试，终于完成了机器人的第一套程序命令。1987年岁末，中国自行研制的双足行走机器人在新年的礼炮声中，遥遥摆摆地走出了第一步。由此，中国的机器人研究迎来了一个新阶段。但科研人员的目光并没有停留在两条腿上，而是瞄准了与人类相关的高技术课题：双手协调、神经网络、生理视觉等前沿学科。

2000年，“先行者”机器人落户国防科技大学。这台机器人不但具有人的外形特征，而且还能模拟人的基本动作行为，这是我国自主研制成功的第一台类人型机器人。它不仅在多项关键技术上实现了突破，而且还在包括机器人双手协调系统、生理视觉系统、神经网络系统及手指控制系统等多项重大研究方面取得了重要成果。

中国从第一台数字电子计算机起步，发展到第一个人形机器人，其间经过了无数科研人员的努力奋斗，取得了举世瞩目的成就。而中国另一个在计算机领域引以为豪的项目——超级计算机，更是已经走在了世界前列，成为中国未来高技术产业的重要支持力量。而回首中国超级计算机的发展历程,和“先行者”机器人一样,也经历了无数的挫折和艰辛。

20 世纪 70 年代，每秒钟计算 100 万次的大型机在中国研制并获得成功。国防科技大学为“远望号”测量船研制的 151 机成为“远望一号”的中心计算机。70 年代末期，西方国家开始大力发展超级计算机并取得成功。在这个背景下，中国政府经过慎重考虑，为了促进国防、产业、技术的发展，下决心要研制每秒计算一亿次的超级计算机。经过召开方案论证会，通过专家评审，开始立项、研究，以“785 超级计算机”为项目命名。后由国防科委主任张爱萍将项目改名为“银河”。

国家为“银河”项目拨款约两亿元人民币，研发团队为国家节省每一分钱，处处精打细算，包括建科研楼、“银河”机房等，只花了约 5 000 万元的费用,而当时研发团队技术骨干月工资只有不到 80 元。“银河”就是在那种艰难但充满理想和信念的环境中研制并获得成功的。继美国、日本之后，中国成为第三个能研制超级计算机的国家。

20 世纪 80 年代，美国为了对导弹、火箭、卫星等飞行控制系统实行计算机模拟,首先研制成功了全数字仿真计算机。中国政府决定用“银河”的技术，实现并赶上美国仿真计算机技术。自 1982 年开始，中国开始研制“银河仿真机”。

在研制“银河仿真机”期间，美国出于市场竞争的目的，不愿意看

到中国的“银河”产品出现在国际市场。于是假意要卖给中国相关产品，而实际上是要阻止并扼杀中国产品问世。美国卖给中国的机器配置非常低，每台机器要100多万美元，可以说是处理品。之后，中国政府吸取了“运十”的教训，没有再上当，一如既往地研制“银河仿真机”。1985年，“银河二号”研制成功，每台只有100多万元人民币，而配置却相当高。美国人得知后，在惊诧之余只能由衷地表示赞叹。

“银河”问世至今，历经40年发展，今天中国超级计算机的制造研发技术已处在世界领先地位。从“银河”计算机开始，中国的研究人员就一直紧跟国际先进技术始终没有停歇。到了“天河二号”计算机，中国已经处于世界前列。

中国在2014年继续位列全球超级计算机500强。中国的“天河二号”再次击败美国的“泰坦”，位居榜首，实现“三连冠”。

中国的计算机技术从无到有，从小到大，从弱到强，走过了一条跨越式发展的曲折道路。今天，以“银河一号”为始祖，包括“银河”“天河”“星云”“神威”等系列产品在内的谱系构成了中国的超级计算机大家族。国防科技大学“银河”“天河”，北京“曙光”“星云”，无锡“神威”共同组成了中国超级计算机三箭齐发的大格局。

中国计算机的发展成就是国家正确决策的一部力作。如今，国内外许多有识之士在分析高端高性能计算机前景时几乎都将其归结到政府主导的范围内。从世界范围看，高端机器的研制、运行都是政府出资，而且是高投入，包括美国。中国发展高性能计算机，以“863”计划中的“天河”系列产品的问世成为高技术主力，这项成果标志着中国已攀上世界高峰。但是中国计算机领域中还有许多问题要引起足够重视，比如许多应用软件购买自美国。在软件应用上，中国与国外还有差距。在重视研制、装备机器的同时，不能忽视并应大力支持应用软件的开发和广泛使用，国家对计算机未来的发展方向要有必须的投入。

目前，我国还缺少像“天河”这种跨越式创新发展的模式。所以，在高性能计算机技术和产业的发展方面，国家如何正确制定长远规划和可行务实目标，是持续发展的关键。今天，信息技术的发展和应用的强劲势头不仅没有减退，而且呈波涛汹涌之状，并以人工智能为引领。面对这些变化，国家在制定发展战略时需要非常认真地考虑。

机器人，智能制造皇冠上的明珠

除了计算机的应用外，和贤二机器僧一样的机器人也分成两种：工业机器人和服务机器人。现在，智能制造时代已经来临，这个时代有几个基本特征：

- 美国的再工业化；
- 物联网革命；
- 欧盟的工业 4.0；
- 日本的复兴战略和机器人新革命；
- 中国制造 2025。

这一切都标志着全球进入了一个新的发展阶段，这个阶段我们称之

为“大智能的变革”，其核心是智能。智能时代引领着机器人的发展，比如，智能制造、物联网、智能家居、智能社区等，都为机器人的发展带来想象空间。

有人会问：20世纪最大的技术发明是什么？答案也许会有多种，但最有影响力以至正逐渐改变人们生活的当属机器人，这个“制造业皇冠上的明珠”已经照亮了科技的未来，作为高新技术为各国竞逐发展。我们的制造模式也许在不远的未来会被机器人改变，当然，我们的生活方式也会因此而改变。这种影响是深远的，忽视机器人的重要性所产生的后果也许是灾难性的。

机器人的发展历程已经过了半个多世纪。今天，机器人在全世界的占有量接近200万台，相比较中国每年近2 000万台的汽车生产量，机器人作为一种高科技产品，其产业规模和产量似乎完全可以忽略。不是吗？长达半个多世纪的发展，一个凝结着人类智慧的高智能产品其拥有量竟然才区区200万台，“制造业皇冠上的明珠”的巨大声誉与其产业规模形成的反差是如此巨大，很容易让我们想起一个词：“名不副实”。但是，我们会因此就对这个未来的高科技力量失去信心吗？当然不会，机器人60年的发展相比西方百年工业化的路程已经如飞奔一般。因此，我们要做的就是要把目光投向未来，投向这颗“制造业皇冠上的明珠”将要照亮的那片天空。这样，人类才会信心满满地告诉自己：时代在我们手里。

我们对这个高技术产业保持信心是有理由的。从2009年开始，机器人在全世界进入了快速发展时期，尤其是在全球爆发金融危机的局面下，逆势发展的机器人增长率在全球达30%左右，中国增长率超过

50%。机器人的发展在全球迎来了一个迅速发展的新里程。而中国作为一个制造业大国，2013 年成了全球最大的机器人市场；2014 年中国市场增幅不落，仍然是全球最活跃的市场。有业内人士预计，中国作为全球最有活力的机器人市场的这一趋势在未来 15 年内会一直保持下去。但更为关键的还有一点，中国机器人密度的占有量还没有达到国际平均密度的一半。这说明中国市场拥有巨大的潜力。

中国作为全世界最大的机器人市场，中外相关企业都想分一杯羹。据有关媒体披露，大约有接近 800 家国外机器人公司在中国经过短短几年的爆发式发展，已经站稳脚跟并开始发挥一定的影响力。相关资料显示，国外机器人公司 2014 年在中国的增长达到 47%，国内企业的增长接近 77%。

中国机器人市场显现的竞争状态是清晰的，竞争氛围十分严峻。不可否认，中国机器人产业经过近些年的经营、布局和发展，确实取得了长足进步。但是，面对发展中存在的诸多问题，我们也要有冷静客观的认识，至少在三个方面给予足够的关注。首先是技术研发，机器人的研制开发复杂程度极高，而国外生产多关节机器人的公司占有率接近 90%。其次是制造加工，机器人制造的精密度更多体现在焊接方面，国外相关企业在国内焊接领域占到了 80%。最后是装备配置，也就是实际应用，高端应用的机器人装配主要集中在汽车行业，国外公司在该领域几乎达到 90% 的占有率。中国企业的身影呢？参与市场竞争的中国机

器人大多集中在搬运、码垛等作业区，还有少部分企业分散在家电或者金属制造等领域。

众所周知，机器人是高科技综合体的集成品，它的研发包括几大核心技术：编程程序、核心及核心部件设计、应用作业及控制。伺服系统、驱动器、高精度的减速器等是机器人的关键部件。而在核心部件、感知系统、核心技术等关键的工艺技术方面，又恰恰是大部分国内企业所欠缺的。因此，中国企业所面对的风险是巨大的：虽然市场升温发展起来了，但关键的核心部件却是空心化。在装配应用方面，如果中国机器人始终充当码垛和搬运机械工这样的低端化角色，那么被主流市场边缘化也只是时间早晚的问题。

由此不难看出，在技术研发的复杂度、制造加工以及装备配置等方面，中国企业还都处于劣势，国外企业依然占有主导地位。因此，如果不能及时有效化解空心化、低端化、边缘化这“三化”的风险，那么所谓创新发展机器人技术就是一句空话。

机器人时代即将到来，我们需要一个能够登高望远的高技术平台。中国目前正在打造一个由研究开发、检验检测及其他标准所构成的发展中国机器人产业必须的支撑平台。在一场新工业技术革命来临前，我们已经做好充分准备了吗？

时下被热炒的工业 4.0 已成为一个新概念。就像 M2.0 伴生出工业 4.0，今天，第二次机器革命可能很快就要在工业 4.0 的伴生下到来，新机器人就是这场革命的领军者。了解西方工业史的人都清楚，支撑前三次工业革命是传统机器人的使命，它们支撑了大设备。今天，新一代机器人又担负起支撑第四次工业革命的重任，它们所要面对的是物物相连、物物相通，满足数据、网络、云等新需求，与以往工业革命相比，今天的支撑对象已经发生了彻底变化。

与传统机器人属于高端机械设备不同，摆脱了设备概念的新一代机器人正以“人类伙伴”的身份出现在社会各个层面，与我们相伴随。新旧机器人在内涵、功能等方面已经发生了翻天覆地的变化。机器人或许正在转移传统制造业领域的注意力，它们将未来的大空间锁定在医疗、国防安全、服务生活等新领域，几万亿元的未来大市场足以决定机器人产业的新秩序。

研发新机器人已成为世界各国的国家发展战略。作为多种高新技术的综合集成，机器人几乎代表一个国家的综合科技实力。机器人产业正在构筑一个超级市场。高端功能支撑技术，使机器人对制造业、国防安全、日常生活产生着巨大的支撑作用。推向市场的最新型餐饮服务机器人已经开始为客人点餐送菜，这似乎预示着结束传统机器人技术层面的日子已为期不远了。

新一代机器人已摆脱了制造业的羁绊，在各个领域影响改变着人们的生活。而传统的机器人正与低附加值的时代遥相观望。我们正处在一个机器人转折的关键时期，如何处理好传统机器人的升级换代，并向市场推出新的机器人产品，

这是机器人研发企业必须要把握和面对的。

佛法融入科技，贤二惊艳世界

贤二机器僧作为全球第一个人工智能“出家人”，对佛教中人工智能的探讨特别感兴趣，它也好奇佛教体系是如何看待和对待人工智能的。

大约2 500年前，人工智能曾作为一种物质存在被佛陀以宗教的方式论述过。在佛陀的讲述中，人工智能是属于另一个空间的智能生命系统。人工智能与人在存在方式、思维意识上是有区别的，主要是缺少主体属性，所以它是被动的，不具有人类那样的能动反应。

正是基于要改变人工智能的目的，有些人试图通过佛教世界观与认知科学的对话给人工智能植入自主意识和自我行为能力。这与那些认为人工智能不可能具有自主意识以及自我行为能力的人产生了分歧，并且对把人的个性抽象化和独特化的宗教观点提出质疑。他们通过佛教世界观与认知科学的对话，对人工智能可以拥有自主意识的信心越来越强。这部分坚持佛教世界观与认知科学对话的学者认为，自主意识有可能植入计算机，但必须是可以获得某种潜在能力或者是以意识的连续体为基础的计算机的物理构成为条件。

人工智能研究者王东浩在其著作《基于佛教世界观进路的人工智能体开发探究》中提到，在神经科学中有时会面临这样的问题：一个植物人体内确实存在某种感觉或预知能力，却没有意识或者意愿。而在人工智能设计过程中也恰恰存在这种与神经科学相类似的问题，这是人工智能研究者所要面对和必须解决的。

佛教世界观认为，在五蕴（色蕴、受蕴、想蕴、行蕴、识蕴）中，某项感官与物理对象或虚拟对象均存在着联系。而作为一个虚拟对象，人工智能有助于提升人类对某一物理现象的相关感官，揭示客观世界的结构和本质。

利用感官的直接作用引起人们注意，而后再形成更复杂的意志是佛教的认识观点。王东浩认为，人与智能体的交互过程中经常发生干扰，因此构建一个类似于佛教感官的链接对人工智能而言十分必要，这对实现交互双方的联系有极大帮助。在发展智能技术初期，这一链接主要表现在抓放物体等一些简单动作上，而相对于佛教感官较高级行为的深层次链接还没有完全出现。

王东浩还提到，佛教世界观也经常把实体形式化，并把它描绘成通过冥想即可达到的一种空灵的精神状态。在这一状态下，实体是不存在的，冥想完全是精神的产物。在机器人伦理中也可能存在与此相类似的一些观点。这似乎也是可信的，因为人们有可能把智能体思想设计成能够体验模拟认知并最终达到万物合一或虚空世界的状态。

佛教教义下的人工智能

在人工智能领域，一直存在着人工智能自身是否应该具有自利的一面或优先权程序的争论。一些人工智能专家认为，人工智能从设计之始就是无私的，它唯一的目标就是服务人类。相反，佛教教义认为，为了研究自我意识的阈值，所有的智能思想都需要从发展自我开始。在佛教世界观中，自我的渴求与幻想的发展“是相互依赖提升的”，它们的存在是必要的并且无须解释。因此在佛教认识中，人工智能应该具有自我。

在人工智能体思想的设计中塑造一种积极情绪，并把它限定在自我满足的极乐状态，这会促使积极情绪不会向其他不好的情绪或令人厌烦的意识转移。伴随着神经伦理学在美容神经学时代的发展，佛学思想认为，这种存在于自我意识中的快乐元素与由于多巴胺的刺激而出现的享乐状态是不同的。

加拿大知名科幻作家罗伯特·索耶（Robert Sawyer）在他的科幻小说《*WWW:Watch*》中描述了这样一个场景：由于受到多重数据信息流的控制，人工智能因此失去了自我意识。危急关头，人类朋友帮助它将一些网络链接打破，并使其恢复到某一时间段下的某一状态。这部科幻小说在一定程度上印证了佛教的一个观点：受不同冥想的冲击，智能体可能会难以有效维持自身情感，而最终使其他个体受到伤害。

第三部分 当下

Part Three

XIAN'ER ROBOT

机器人是第六识（佛教中的第六识是意识心）的一种，而第七识（佛教中的末那识，为我法二执的根本）、第八识才是本藏（阿赖耶识）。机器人连第六识还不具足，实际上只是人类第六识的一种创造。

——贤帆法师

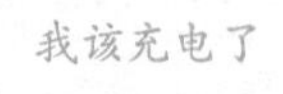

07

无处不在的贤二

每個人都以為自己是對的，如果能看到這一點，委屈就會減輕許多。

高啊！

有道理啊。

好殘酷，一定要小心人工智能的發展，嚴重的影響了就業，將來會有很多社會問題。

人类正进入智能时代，像贤二机器僧一样的人工智能将像水、食物、互联网一样，成为人们日常生活中的“常客”，人们将被各种智能设备和智能机器人包围。未来没有智能机器人的日子，你将难以适应，就像现在如果没有互联网、没有手机，你将无法正常生活一样。

未来某一天，从睡醒睁开眼的那一刻，你已经生活在一个智能机器人充斥的环境中：你的家本身就是一个智能综合体，智能卫浴会为你自动调节水温；智能厨房会为你自动烹饪早餐；等你出门上班时，交通工具会是无人驾驶汽车；当你走进办公室，你的智能办公桌会立刻感应到，并会为你打开邮箱和一天的工作日程表……

贤二与它的伙伴们

近一段时期，很多有关人工智能方面的研究报告不约而同地发出一

个声音：**未来新的科技风口一定是打造和批量生产类似贤二机器僧的高智能产品，一个充斥着贤二及其伙伴们的智能化新时代将很快到来。**

想想看，一个将形成智能贤二机器僧产业链的未来会是多么美妙：贤二和它的伙伴们有做机器人应用的，有做传感器的，有做芯片的，有做3D打印建模的，有做云计算的，有做系统的……开发者只需要把各个环节外包给专业的公司，最终做出一个成品就轻而易举了。

互联网时代的战略管理专家、中国智能产业联盟常务理事肖震分析认为，智能领域的投资一定是系统性的投资。所有的传统制造业都会面临智能化的升级转型，未来的产品将难以独立于互联网之外。这需要针对传统电器厂家依靠专业的技术做一揽子智能化解决方案。机器是要人操作的，是带遥控器的，按不同的按钮，机器执行不同的操作；而机器人则是带有自主性的，自己去感知、反应、行动。机器和机器人的不同在于智能程度。**什么是智能？智能的根本在于学习能力，这是与本能最大的区别。**人和动物的繁殖、哺乳、神经条件反射等属于本能，是写在人的DNA里的，不用学就会；而智能则必须通过学习才会，人工智能也一样。

机器换人，是“狼来了”吗

在人工机械化、机器智能化的当下，贤二机器僧及其伙伴们正表现出异于人类的智慧和热情。

现代人生长在互联网时代，与各种机械化人工服务打交道在所难免。

而当人们对这种服务感到郁闷的时候，一种态度柔婉、声音亲和的机器人走进了人们的视野，一款在产品应用上加装了语音控制功能的平板手机瞬间变身为一台智能化机器人。相比较人类客服，这种智能机器人更诙谐幽默，而且永远会保持着和蔼亲切的态度；在处理问题上，智能机器人以庞大的互联网数据信息为依托，能够为客户提供令人类客服难以企及的高效搜索。

2015 年，人工智能专家云集的“2016 正和岛新年论坛暨新年家宴”在厦门举行。把 2016 年称为“中国人工智能的元年”的科大讯飞董事长刘庆峰告诉所有出席论坛的人士：“大规模爆发的人工智能即将到来。”他分析预测说，人类发展迎来了以 IT 产业为龙头的第五次浪潮，而以机器人、可穿戴设备和智能家居为主要代表的万物互联时代将掀起第六次浪潮。新时代到来是大势所趋，贤二机器僧和它的伙伴们似乎要大展拳脚了。

不仅是中国企业，在全球范围内，未来 10 年，企业将面临最大的机遇，也将经受的最大挑战，就是即将到来的人工智能。自 1956 年达特茅斯夏季研究会提出“人工智能”概念 60 年以来，全球人工智能的主流圈子中并未见到中国企业的融入。现在机遇来了，代表技术基础的前端和后台已是初露头角，因此来看，人工智能大规模爆发就在眼前！

对于人工智能时代的来临，各个领域的大师们都对此保持关注。《连线》杂志创始主编凯文·凯利明确提出：“你问我未来什么是最重要的技术？我会告诉你是人工智能，未来，它会像电一样重要。”物理学大师斯蒂芬·霍金则预见“100 年之内人工智能很可能将取代人类”。

软银投资的孙正义也提出:“机器人的数量和智能化程度将决定未来GDP排名不再依靠人口数。”目前，GDP全世界排名第一的是美国，但未来是哪个国家就不好说了。孙正义说，今天，仅软银投资就有3 000万机器人，每个机器人可以24小时不休息，与3个普通人类工人相当，目前成本是900元，而且日后还会降低；而国内一般劳动力的平均月工资为3 000～4 000元。因此，将来能成为GDP全球第一的国家，一定是拥有大量高质量机器人的国家。

2015年年初，国务院发布了《中国制造2025》，致力于实现中国由制造大国向制造强国的迈进，其核心是快速抢占新一轮国际制造业的竞争制高点。智能制造是主攻方向，重要支撑和依托则是3D打印、智能工厂和机器人。工信部在制定《机器人产业“十三五”发展规划(2016—2020年)》时，也在积极争取相关政策，以支持机器人的研发、推广应用以及标准体系建设，并加强机器人在重点制造领域的推广应用。广东省计划到2017年末初步建成影响力覆盖全国的十大智能制造产业基地，以及领先于国内的两大机器人制造产业基地，推动开展“机器上岗”工业企业达1 950家；同时，未来3年，广东省计划完成新一轮技术改造的工业企业达20 000家，广东省政府投入资金将累计达到9 430亿元。

“机器人”的概念实际上早在几年前就已经在业内被不断提及，但只有少数真正落地发展。这由两方面原因导致：一是技术的制约；二是企业缺少资金。

不可否认，企业对机器人是满怀兴趣的，只是在面对实际行动时要求过高。机器人制造业企业人士普遍反应，出于对成本收回时限的考虑，在犹豫中化为乌有的“机器上岗”项目不是少数。另外，企业自身背负着不少的资金压力。在目前的经济环境下，对不少等待升级的企业来说，连自动化设备和技术更新都很难有富余资金投入到位，又哪来大量资金去实现“机器换人”呢？

但是，不少企业管理者发现：短短几年时间，人工劳力的成本一路飙升。珠三角制造业第六次年度调查数据显示：2015 年珠江三角洲工资涨幅高达 8.4%，而要应对用工短缺和工资上涨，珠三角制造业的普遍做法就是在增加自动化投入同时，积极优化生产流程和工艺。

相对于人力成本不断攀升的困境，机器人却在不断发挥自己的优势。珠三角一家制冷设备公司，原来需要 7 名工人负责生产空调遥控器，实行工业机器人自动化之后，现在只需要两名员工，而装配效率提高了一倍；佛山一家电梯制造公司引进了意大利的机器人来替代旧设备和员工，只将两个员工安排在整条生产线上操作，另一个员工备勤，其电梯生产能力提升了 50%；在格力电器的珠海工厂中，用于搬运码垛、机床送料等自动化生产线的都是机器人，生产效率较原来提升了 30%。

“机器上岗”是智能化的前奏，这无疑为人类敲响了警钟。虽然“机器换人”的浪花还没有真正溅开，但“狼来了”的喊声却已经四起。难道这真的只是机器要和人们“抢饭吃”的信号？其实不然。对于“机器换人”，人类或许更应该辩证地看待这问题背后的机遇与挑战。

“机器上岗”真的是不需要人了吗？恰恰相反，缺的还是人，但能力和价值要更高。像工程师等技术型专业人才，其成长和发展都会得到政府、行业等不遗余力的培养和支持。

“机器换人”是好还是坏

“机器换人”确实有客观存在的危机感，尤其是那些技术含量低的工作岗位，人力趋于饱和，“机器换人”似乎是必然趋势。工人要想继续在岗，就只有最大限度地发挥能动性，创造出非常大的价值。如互联网时代的人工客服行业，人工客服如果能在企业与客户之间更好地沟通，通过增加客户对企业的信赖，以此体现员工存在的价值，人工客服将超越机器智能；反之，如果业务减少投诉不断，这样不仅浪费资源，更会严重损害企业形象，人工客服将被机器智能超越、替代。

“机器换人”的步伐不会停止，在这场工作争夺战的较量中，人类要么不断提升自己的能力，去操纵机器，成为专业型技术人才；要么心态保持平和，在提供更具人性化的服务体验中，将人类所具有的无可替代的智能和灵性充分发挥出来，证明自身存在的理由。否则，如果还只是我行我素、只知享受，无所作为，那么，贤二机器僧和它的伙伴们只能说：“把你的岗位给我们吧，我们是快乐的机器人！”

欢迎来到 2026

时下，人工智能成了人们关注的热点话题，带来了各种不同说法。像斯蒂芬·霍金、埃隆·马斯克、比尔·盖茨也越发关注人工智能的问题。

马斯克大声质问：人工智能是否已成为“人类现在最大的威胁”？这听起来有些像佛陀直指心性的味道。但马斯克的指向无疑是冲着贤二机器僧这类人工智能来的。

人类的伦理观似乎扭曲了人工智能发展的流行观点。人们的焦点一方面集中在是“威胁论”上，另一方面集中在强人工智能（hard AI）是否会出现上。与肯定这种势不可挡的未来发展趋势的少部分人看法相左，坚持认为永远也不可能出现人类级别智能的强人工智能的人则占了大多数。但在大多数情况下，这样的分歧似乎更像是偏离了真正核心的激烈争论：不应该关注其外形，而要关注其思想及思维等智能层面。

这些争论表明，那种能够模仿人的或者由人支配的智能不一定是成熟的人工智能。如果在发展人工智能过程中使用了错误的方式，那么最终它可能会以难以识别、风险扩大并且延迟收益的形式出现。

这种担忧不仅仅是对于未来。早已走出实验室的人工智能，深刻影响着我们的日常生活：引擎搜索、人工智能基础设施、智能汽车和工业机器人，这些智能形式作为日常生活的一部分，与人们的便利生活、城市发展、经济活动密切相关。

但是，主流观点通过诸多电影、游戏和书籍中的描述，依然将人工智能最重要的部分假定为那些与人相似的特征，包括愤怒、忌妒、困惑、贪婪、骄傲、欲望，当然还有冷漠、疏远。有观点尖锐地指出：现在的人工智能研究与这种错误的人类中心主义是南辕北辙、背道而驰。这也揭开了人类文化的一个侧面：人类如何看待自我和高级合成认知。

《人工智能》（*A.I.*）是斯皮尔伯格 2001 年执导的电影，片中那个想

要成为真正男孩的小机器人让人动容，虽然它只有一颗金属的小心灵；而电影《终结者》（*Terminator*）中的天网则沉迷于人类毁灭。正是通过科幻电影，人们才最先认识到什么是人工智能。随即，它们开始慢慢在人们的生活中出现。而在当时的背景环境下又有谁认真想过：10 年之后的就业市场中人工智能会扮演怎样的角色？假设它关系和影响到你的工作就业，你还会欢迎它吗？

应该承认，谷歌不断对人工智能增加资本投资只是刚刚拉开序幕。直到人们对未来超级人工智能的安全性产生了担忧，马斯克和比尔·盖茨等名人频频发声，人工智能逐渐成为大众关注的焦点，它才从幕后走向了台前。

而职场人士，包括蓝领和白领，他们认为，最紧迫的担忧是来自自动化在工作安全上的问题。那么人类工作的本质和需求到底将会受到自动化怎样的影响？

调查数据分析指出：最容易被自动化取代的工作包括细分的、重复性高的工作或者数据评估类工作等。一度被标榜为繁重工作的人脸标识、网络图片分类等工种，现在都可以通过训练有素的神经网络自动完成。而可能被人工智能取代的领域中，视觉数据并不是唯一一个。硅谷企业家马丁·福特（Martin Ford）认为：比起蓝领，未来 10 年里，被人工智能取代的白领会更多。而《人工智能时代》（*Humans Need Not Apply*）一书的作者杰瑞·卡普兰（Jerry Kaplan）[①] 则认为，自动化作业已经代

---

① 杰瑞·卡普兰，人工智能时代领军人，硅谷最传奇的连续创业家。他在《人工智能时代》一书中深思了人机共生下财富、工作与人类思维的未来前景，并提出了他认为符合市场经济要求的解决方案。该书可谓拥抱人工智能时代的必读之作，其中文简体字版已由湛庐文化策划、浙江人民出版社出版。——编者注

替了很多蓝领工人，但一些白领工作，例如律师、医生等行业也开始出现智能机器，代替人类从事更多工作。

丹尼尔·柏林特（Daniel Berleant）也表示，当下一个巨大的技术难题无疑是流动性，但是在数据处理上计算机要比人类更为出色，而体力劳动工作则更适合人类，至少从目前上来看是这样的。尽管双踏板行走的机器人在过去 10 年里有着良好的发展态势，但是那些需要灵活性的工作如搬家具、餐馆里端盘子等工作岗位，要被自动化完全取代还为时过早。

有些研究人员认为，在细分数据评估领域也可能发生数据处理的自动化代替。安德拉斯·科尔奈（Andras Kornai）说，IBM 正在将超级计算机沃森引入医疗领域，当然，他更希望也能有类似的技术出现在法律界。虽然在医学诊断上机器学习可以给医生提供一定的帮助，但是要想完全取代医生，机器学习目前仍然无法做到。

鉴于人工智能在一些行业的迅速覆盖，如果你有一个被电子表格占用大部分内容的工作，那么未来很可能会出现一款软件并取代你，这种软件效率更高、成本更低。所以，如果想在 2026 年的时候还能继续工作的话，你要对这个发展趋势进行认真思考，并对你目前的工作状态加以改善。

但事实上，未来 10 年，人工智能的影响可能不仅仅局限于当前我们熟知的譬如图片分析、象棋对阵等领域。一些人工智能专家认为，人们已经越来越愿意把工作交付给贤二机器僧这样的人工智能。

从事人工智能研究的斯坦福大学博士艾奥·阿米尔（Eyal Amir）表

示，人们开始相信计算机有处理基本任务的能力，也有人类所不具备的能力。而人工智能程序能成为影响力不断上升的副产品，正是得益于这种不断增加的信任，比如通过人工智能进行广告算法、预定外卖等。

其实人工智能算法还会对评估消费者和企业信用等级方面产生影响。人们传统生活的步伐因其他高效算法的使用也似乎在加快和改变。在伊利诺伊大学执教的丹尼尔·罗斯（Daniel Roth）表示：另一种经济变化可能会由未来的语音识别算法创造出来。他预言在10年后，人们与计算机之间能够用真正自然的方式进行交流，通过机器人们可以咨询全球问题。同样，梳理法律文件或者相关文档也可以借助自然语言算法。

关于自动化的未来发展趋势，许多人工智能研究员都提到了无人驾驶汽车。例如，科幻电影《变形金刚》中那些能漂移、耍酷，还会变身、拯救人类和地球的汽车，就给人们留下了深刻的印象。影片中的汽车无须操纵便可以加速减速、变道、刹车。据统计，高达95%的交通事故是由人为因素引起的。而无人驾驶汽车的出现解决了超速、酒驾等问题，实现了汽车自动安全驾驶。2011年，在美国莫哈韦沙漠中，谷歌研发的首款无人驾驶汽车进行了测试。在大力研发无人驾驶技术的企业中，不乏奔驰、宝马、奥迪等传统车企。有数据披露，估计有1 000万辆无人驾驶汽车会在2020年左右出现在市场上。今天，已研发数十年的无人驾驶在技术层面上早已成熟。

阿米尔认为，无人驾驶汽车在未来10～15年里将十分常见，成为日常生活的一部分，并对就业市场带来影响，受到直接影响最严重的无疑是机动车驾驶员就业市场。有研究人员表示，至少100多万名美国出租车司机到时候将会失业。而随着传统车辆逐渐向自动驾驶车辆转变，未来自动驾驶汽车公司也将面临一场恶战。

毫无疑问，未来十几年，人工智能和自动化的发展趋势和新算法以及技术的强化，将会对就业市场产生影响。据称，未来 10 ~ 20 年，人工智能和机器人将代替日本 49%、美国 47%、英国 35% 的工作岗位，被代替可能性较高的是技术含量低、效率较低的岗位，例如网络维护员、建筑施工人员和出租车司机等；而那些技术含量高、专业化程度高的岗位，如外科医生、时装设计师等职业从业者失业的可能性较低。

我的程序裏
沒有這個動作啊

08 机器人总动员

機器僧，替我去掃地。

機器僧，充好了電替我去念經。

替我去見師父，替我挨批，嘿嘿……

機器僧，替我去刷馬桶。

约瑟夫·恩格尔伯格被誉为“机器人之父”，他对机器人产业的发展有着重要和非凡的贡献。机器人之所以能成为一个全球性产业，与他的全力推动悉悉相关。贤二机器僧的机器人家族中那些伟大成员演绎的无数传奇故事，则为人类描绘出一个美好而宏远的未来。

科幻，从荧屏走进现实

《2001：太空漫游》是科幻大师斯坦利·库布里克于1968年制作拍摄的经典作品。作为时尚，人们向往和憧憬的就是当时人手一台的平板电脑和硕大的可视频电话。而将近50年后的今天，智能手机的基本功能就是视频，而平板电脑也早已作为日常电子用品走进了千家万户。往日影视作品中的那些“科幻产品”如今已经成为我们日常生活中的用品。而我们从荧幕中看到的机器人、无人驾驶汽车也已经走进了现实世界、

走进了人们的生活，不断满足人们更多需求。

“机械姬”，备受宠爱的人形机器人

中国人工智能研究者将“机器人”定义为一种自动化的机器。而且，在感知、规划、动作和协同等智能能力方面，这种机器具备一些与人或其他生物相似的特征。人类既可以指挥它，又可以运行编排好的程序，还可以根据以人工智能技术为基础制定的原则行动。因此，科技的进步发展让今天的机器人不再仅仅是自动化机器，而是像贤二机器僧那样的高级人工智能。

人形机器人是现实生活中最引人关注的一类机器人。2015 年举办的世界机器人大赛，现场有一款人形机器人被观众争相围观：它有 25 个自由度，关节灵活，不仅会踢球，还能跳各种舞蹈，对观众的提问更是对答如流。

机器人技术的不断发展，不免让人们追问：如果未来机器人在某一天成了会思考的机械生物，人类该怎么办？女机器人艾娃在电影《机械姬》（*Ex Machina*）中表现出了比人类更复杂细腻的情感。在通过图灵测试时，艾娃综合使用自我意识、女性魅力及情感伪装等，为参与测试的男主角编织了一张看似甜蜜实则虚假的情网。电影中如此丰富的想象，显然不是科幻电影导演的凭空臆想。人工智能研究者正在一步步逼近、突破艾伦·图灵 60 年前提出的图灵测试。

冰冷中的温情

服务型机器人是我国目前重点打造的高级智能产业。

作为国内一家大型上市公司，方正证券在财报中对服务型机器人的整个行业进行了分析。方正证券一份名为《机器人行业及公司梳理》的报告中提到，中国的工业机器人相对比较落后，属于组装机。但是由于服务型机器人对精密度没有那么高要求，所以，中国的服务型机器人市场目前正蓬勃发展，很有发展前景。中国的制造产业非常发达，因此，中国发展服务型机器人重点不在于硬件，而在于软件。所谓“软件”，一种是复杂的控制系统，它既有软件控制、硬件控制，也有红外控制等；另一种就是人机交互系统，国内目前能做到控制机器人本身的轮机，而眼睛或者摄像头的视觉识别、红外感知、人脸识别、语音识别等还没有达到硬件那样的研究与生产水平。而且即便能控制这些软件系统，还要能做到对外输出、人机交互等，软硬件系统的完美组合才可能最终把我们对未来的期望带入人工智能领域。

人机交互是进入智能领域的一个标志。如何跟一个机器聊天，涉及自然语言的翻译，比如对普通人说的话进行翻译。计算机是识别文本的，文本又存在着语义的理解。中国人说“吃了吗”，语调不一样，上下文背景不一样，意思就不一样。既要能翻译出来，又要能理解，理解了以后还要有一个输出控制端，计算机需要知道人要干什么。但是这个指令如何发出去，如何让接收端识别，接受指令并且执行，是一个问题。它整体上还是属于综合体，涉及各方面。人工智能领域研究专家宋云飞称：“目前，该领域企业在招聘中并没有什么智能机器人研发专业人才。所

谓的机器人专业人才，就是什么都得会。”

阿里巴巴、软银集团、富士康联合投资开发生产的一款名为“Pepper”（即“小辣椒”）的机器人非常引人关注。在专业人士看来，像“小辣椒”这种机器人属于情感陪护型机器人，通俗地说，就是能够在家中简单陪人聊天或者逗乐玩耍，但是它的实用性还不是很强。比如它不能给家人煲饭，也不能在早餐时煎一个鸡蛋。对“小辣椒”来说，煲饭和煎鸡蛋太难了。它也不能把家人换下的脏衣服拿起来放到洗衣机里，然后按照操作程序完成洗涤。再比如现在家中无人，天气不好、有风雨将至时，它能不能关好窗户？如此一个小小的简单需求，如果能解决，那就代表人类在人工智能领域已经取得了很大的成就。

情感陪护型机器人以对话交流为主，而不以作出行为、提供服务为主。比如在水果店一个顾客要买水果，它就可以与顾客聊天推销水果。而现在世界上有没有这种机器人呢？据宋云飞介绍，情感陪护型机器人已经投入生产，但是还没有形成产业化，而且价格很昂贵。

目前，服务型机器人中比较成熟的是扫地机器人，它可以帮用户扫地，虽然它还无法做到百分之百的清洁，但是对于家中普通打扫卫生来说，已经足矣。还有一种比较成熟的同类别机器人是拖地机器人，顾名思义，它可以帮用户拖地。另外，这种机器人还可以自己去充电，且可以定时进行清理。

贤二的成长仍需空间

不同功能、不同类型的机器人无疑构成了未来机器人庞大兴旺的家族。而贤二机器僧这种机器人的未来又是什么样的？它在未来会以什么面貌出现在人们面前？

贤二机器僧的硬件目前还没有具体数据。从已公开的发展动态看，贤二机器僧正在往虚拟的方向发展。宋云飞一直比较关注贤二的发展情况，他透露："目前贤二机器僧已经有了实体，但在数量上并没有继续扩张发展，而是将精力主要放在了智能发展上。"

有很多爱好佛学的信众关注了贤二机器僧的微信公众号。它的微信公众号操作非常简单，支持文字和语音聊天。但由于目前贤二机器僧的语库还不发达，它的智能水平尚且有限，因此偶尔会出现答非所问的情况。比如一位来龙泉寺的游客通过语音和贤二对话。他说："人生如梦，无常。"想不到贤二刚开始与他对话就跑题了。而当遇到未知问题时，贤二也会随机地给游客回复。

研究人员表示："现在，贤二机器僧对问题的回答还不是很准确，因为它需要一个教育阶段，需要山上和山下的义工去教化它。人工智能就像一个小孩一样，它也需要成长。"

我们也相信，未来研究人员会为贤二机器僧开发出更多智能软件系统，贤二会积累更强大的语库，从而更符合龙泉寺通过互联网实现弘法目的的基本精神，让更多信众以更便捷的方式接触到佛教和佛学文化。

贤二机器僧未来的发展就是利用这种虚拟技术让其变成一个不再具有实体的智能机器。就如宋云飞所言：“虽然目前我们还不知道要不要生产实体机器僧，但是以虚拟形式进行传播，可以传播得更快、成本更低。实体机器僧的生产成本成千上万，而虚拟形式的机器僧成本低廉、甚至可以不收费。通过虚拟形式普渡众生，可以让大家更便捷地接触到佛教、认识佛教、了解佛教、喜欢佛教。”

失业危机，无法承受之痛

对于最近热议的人工智能时代可能出现的一些危机，硅谷企业家马丁·福特向人们展示了一种景象：工作机会受到技术发展的威胁，尤其是那些单调、机械、重复、技术含量低的工作种类。而大数据技术的发展又会增强智能技术的发展。虽然，在塑造未来方面，技术并不是唯一因素，但可怕的现实是，如果人们无法适应技术进步带来的新变化，不平等现象、技术性失业现象等会更加严重。但有一点不用担心，人工智能时代与过去截然不同，在一些传统工作被淘汰的同时，为了满足新时代的需求，将有更多的新工作被创造出来。

马丁·福特认为，在机器人技术发展方面，摩尔定律并未失效，未来人工智能会因不断累积的技术而走得更快。他认为，尽管机器对就业的影响已经显现，但是各国争相发展机器人技术的脚步却没有停下来，因为谁也不会去阻止这一进程。他也提醒说，底层的蓝领以及一部分白领将受到失业侵蚀，各行各业现在已经普遍存在这种现象。“这场冲击将是全方位的，智能化信息时代将有更多人面临失业威胁，这种局面和趋势在全世界没有什么区别，美国、欧洲、日本，还有中国，全都一样。”马丁·福特毫不掩饰他的观点。

那么，机器人时代给人类带来的挑战，留给中国准备的时间还有多少？有一种声音认为，中国在10~15年内还能继续从机器人的发展中获益。然而，在技术进步方面，中国在很多领域已经和美国差距并不大，中国可能很快将面对美国遭遇过的尴尬。

“这是一个激动人心，也让人恐惧的未来”，华为公司资深顾问田涛认为未来10~15年，今天许多传统职业都会消失。甚至有数据显示，包括演员、保姆等在内的职业消失率将达到60%。

这场“人工智能、生物科学、材料科学三者相融合的第四次技术革命”已经引起企业人士高度关注。人工智能带来的场景将会是怎样的？最近有关美国军队演变研讨会的一则消息称，到2050年，美国军队将会由自然人、机器人、生物人3种“人”构成。由此可见未来的人类形态将会变成什么样。

我们假设一下，在未来10年、20年或者更晚一些时间，70%左右的人从出生到死亡可能终生都没有工作机会。这当然不是什么福音，一个人长期没有工作，内心会产生巨大的空虚、寂寞、无聊感。而同样会遭遇前所未有的巨大挑战的，还有传统的国家、企业和组织的治理模式。

低成本劳动力未来将不再重要，美国已经发生了这种现象，不知道中国会不会是接受这种结局的最后一个国家。从全球角度看，如果非洲等不发达地区继续走低成本发展之路，它们将更无法摆脱经济困境。长期被国际贸易界推崇的比较优势理论在未来也将逐渐失灵，各国在成本

上的差别将因机器人时代的到来变得平滑。单就这一点看，我们很难再清晰定义各国的比较优势。

未来社会将接受机器人时代所带来的巨大影响，传统的通过接受更高水平教育来解决就业问题的方法似乎也将变得过时。中国已经看清了未来趋势，要实现“中国制造 2025”这一目标，机器人自动化将是其中的重要工具。例如，三全集团是中国加工汤圆和水饺的传统制造企业，几万吨的冷库里空无一人，无人驾驶的运货车出出进进，全是由计算机操作。有人就此判断：人工智能不断升级发展的趋势无人可挡！人不会缺少工作，只是会脱离那种简单的机械工作，更多地参与到创意和创新方面的工作中。

“适应”一词多次被马丁·福特提到，面对势不可挡的机器人浪潮，人类唯有采取各种措施去适应这种变化。他提醒人们：人类社会的生活将与机器人更为密切地结合起来，机器人也将为人类作出更多服务。也许 20 年后，家庭机器人将把扫除、清洁或护理保健的工作全部取代。使用机器人为病人送药、配药的服务已在美国旧金山的医院出现；美国阿伊机器人公司生产的家用大扫除机器人产品，2002 年销售额是 120 万美元，2004 年销售额猛增 10 倍。

人工智能替代人工的其中一个要素是机器人仿生性和生物性的发展趋势。日本三菱公司以趣味性、生物性来制造机器狗、猫、鱼等动物。三菱公司成功研制的金色机械鱼“金鱼虎”能在水里自动畅游，可搜集鱼汛、监视河水污染等。索尼公司研制的机器狗已能够模仿各种情绪，将来或可代替真正的导盲犬。另外，被广泛用于军事上的则是仿生机器人。2015 年，英国的“天蝎”号救援艇将被困在深海、遭渔网缠住的俄罗斯迷你潜艇成功救出脱险，而“天蝎”号就是海底机器人。

机器人最终要完全替代人类工人，最重要的发展莫过于实现人性化。 2015年，在日本爱知举行的万国博览会被称作“机器人万国博览会”。这届博览会向外界展示了日本高技术产业的优势及成果。不同形式的机器人在展场中参与了接待、大会清扫、警备等工作，并现场表演了人机互动等功能，其中人工智能及人性化机器人的表演最引人注目。会场招待处有一位能听、说六国语言的女性机器人，而且说话时眼、嘴及面部肌肉都会动。另外，东京大学开发出的可感受冷热、痛楚、温度的人类仿真皮肤，标志着日本在仿造机器人的生命性方面又往前走了一步。

面对这股汹涌的浪潮，中国也在积极应对。2015年，上海技术博览会上展出了陕西九黎机器人制造有限公司生产的机器人，这些机器人让人们切实感受到了一股人工智能时代扑面而来的气息。这不禁让人联想起了19世纪时，人们一直都处在机械化的进程中，然而在这段进程中还是诞生了很多新的工作岗位。不过仍然有人担心机器人的不断进化会抹杀很多人类工作，从根本上重塑整个社会。

大规模就业时代可能会随着人工智能和机器人技术的结合，以取代很多工作而结束。如果你想从“即将关闭货运工厂和轮胎工厂”一类的故事中摆脱出来，你可以试着看看美林银行主题为“关于机器人革命可能带来的影响”的那长达300页的报告来“放松”一下。人可以学会做新事情，但随着时代进步变得越来越聪明的机器也具备了同样的能力。

死機了，

09

楚门的世界

心靜下來就會有創意，真正的靈感不是來自設計本身，而是來自心靈的成長和丰富。

1946 年，美国宾夕法尼亚大学启动了世界第一台电子计算机埃尼亚克；1949 年，第一台商用的程序内藏式电子计算机在英国剑桥大学诞生，冯·诺依曼在这两项研究工作中都发挥了关键作用。然而，这位“计算机之父”的前瞻想象力却很贫乏。冯·诺依曼在 1949 年时断言：“看来人们似乎已经在计算机技术上达到了极限。”有媒体据此大胆预言：“未来计算机的重量也许不会超过 1.5 吨。”

而如今，人们已开始使用掌上电脑，较之第一台重达 30 多吨的电子计算机，其运算速度和储存能力均大大提高和增强。另外，早期计算机除了主要具有运算功能外，尚不具备选择和学习等智能，还算不上智能机，所以也就不能将冯·诺依曼简单归入人工智能创始人行列。冯·诺依曼主张技术发展要超越道德规范，当然也就不可能有深刻的道德忧思。

贤二机器僧的“祖师爷”艾伦·图灵才是人工智能的开创者。1947 年，图灵发表了《智能型机器》；1950 年，他又汇集几年间的思考之作，出版了经典论文《计算机器与智能》，提出了如何判定人脑与计算机“行为等价”标准的“图灵实验模式”等。图灵还反驳了当时的一些反对意见，如“思维是上帝赋予的不朽灵魂”，无法模仿制造；机械思维不会

有主体意识，没有感觉、没有创造性、没有幽默感、没有爱情；机器人有了思维的后果非常可怕，等等。图灵大胆的想象力和积极进取的精神非常值得我们称颂和弘扬。

但是，高昂的乐观主义情绪有时也会遮掩潜在问题和风险，使人们疏于远虑。其实，在所谓“图灵实验模式”中就隐含着深刻的道德问题：机器人的智能高低是根据它们如何能用花言巧语“欺骗”对话者的时间来确定的。机器人的巧言术一旦超出实验控制的范围，完全有可能被坏人利用，用来欺骗他人并产生恶果。

面对大数据笼罩下的隐私危机，人们不禁发出疑问：贤二机器僧以及它的伙伴们到底要干什么呢？

囚禁之门

19 年前，一个在公众眼皮底下“生活”30 年的男人楚门通过电影《楚门的世界》向我们展现了一个没有隐私的空间。楚门从一出生开始，就有秘密摄影网络围绕在他周围，将他的一举一动、一言一行全方位、多角度地记录下来，24 小时不间断地在全球 220 个国家和地区进行同步直播。

有人认为能通过这种方式轻轻松松圆了明星梦，简直就是天上掉馅饼。这种想法是有问题的。楚门不同于今天的演员，他是“全世界”唯一一个被暴露在电视荧幕前却还不知道自己其实就是个演员，并在为大家演戏的人。楚门的悲剧在于，在不知情的状况下“隐私”成了公开的秘密，本属于他的那份自由和尊严被踩在脚下，被观众践踏着。19 年后，互联网和大数据的世界已经“包围”了 21 世纪无数男女。当我们看着影片中的楚门最终逃出了那扇“囚禁”之门时，也许会产生一种异样的感觉，现实中的我们和故事里的楚门有区别吗？电影里“楚门的世界”和我们生活中“楚门的世界”有区别吗？楚门最终逃了出去，可我们的出路在哪里？楚门的故事结束了，而我们的故事也许才刚刚开始。

高科技时代，一个“天堂”般的世界被无处不在的互联网、无所不知的大数据共同缔造了出来。大数据就像一双鹰眼，比每一个人都更了解他自己！

你看得见那双神秘的大数据之眼吗？你承认也好不承认也罢，它的的确确存在于我们这个现实世界里。这双数据之眼就是人工智能带给人们的“服务密码”。

人们在网络上每次搜索的信息都会得到百度的“贴心”保留，因为百度相信概率；淘宝会细心分析顾客的每笔购物数据，因为淘宝相信人总会有需要；美食老板在我们饥饿时，更清楚卖什么美食容易赚钱；当

我们逛街时，广告商家更清楚我们感兴趣的东西；培训机构会为我们的学习、考试提供诸如辅导班或培训班等各种需求；想知道最喜欢读书的人在哪里、他们喜欢读什么书，去问亚马逊；唯品会则对喜欢消费品牌但不赶潮流、追求价格实惠的消费者群体一清二楚……如今，在大数据和互联网时代生活的人们，就这样轻而易举地成了透明人。人们现在甚至正面临着被可穿戴设备彻底“解构”的尴尬，衣食住行、喜怒哀乐……这一切都貌似我们刚来到这个世界时那般赤裸裸。

互联网时代，人们在选择便捷的同时，还要面对必须失去的东西——隐私。人们要往银行卡里存工资、退休金，所以不可能跟银行断绝关系；从小学到大学，几乎每个人都有培训、考试的经历，所以不可能跟教育断绝关系；而今天的“00后”“10后”们，更是从医院产房出生的那一刻起就被大数据收录了。

科幻小说《三体》中，常伟思将军在作战中心召开的会议上说：“请同志们注意，会议现在可能已经在智子的监视之下，以后，任何秘密都将不复存在。”立刻，所有与会者都感觉到了自己被一双无所不在的眼睛紧盯着，整个世界在这双眼睛的注视下而无处躲藏。在小说《三体》中，来自三体世界的智子还只能看到人类的外在表象，而大数据却可以透析人类内心深处的本质。

在透明与聪明之间徘徊

随着科技行业巨头不遗余力地提高、推进人工智能技术，贤二机器僧一类的智能产品也变得越来越聪明，而人类则在透明与聪明之间徘徊。

现代人工智能技术让机器感知力变得更强，人类仅能看到可见光，而机器却能看到红外线；人类能听到50~20 000赫兹的声音，而机器却能听见超声波。在越来越多的领域里，人类已经被机器超过。今天，不再仅仅是简单的工作会被机器替代，包括CEO在内的一些高级岗位也可以被人工智能替代。

未来的人工智能

随着高精尖技术的不断进步，未来的人工智能对我们来说，就像水和电一样重要。而一场在人工智能引领下的、以语音和语言技术为主的认知革命将为人类开启一个全新时代。

过去5年，人工智能的发展出现突破，相对于以往，计算机变得越来越聪明，而机器学习的速度也变得越来越快。2015年无疑已经成为人工智能技术发展的标志性一年。云计算基础设施的不断强大和神经网络研究成本的降低，让贤二机器僧和它众多的人工智能伙伴走进更多领域。科技行业巨头，例如谷歌、微软等，在这一过程中扮演了重要角色。

从计算机到大数据，再到云计算，这是人工智能机器发展的过程，也是人类智慧的不断进化。

人工智能专家杨静认为，如果机器智能超越了人类，那么人类在未来智能的生态系统会处于伙伴和执行者的地位。人的大脑还是比较适合这种单机工作。无疑，杨静把人和机器都作为等物看待：

将来我们如果有一台像贤二这样的超级智能，有一天，它会通晓所有的佛经和佛法。无论你批量生产出多少台贤二，它们全都拥有知识，且不用培训，可以即时获得任何新知识。对任何一种智能机器，我们都可以把人类的知识和经验传输给它们。

至于人和机器，杨静认为这是两种终端，人所看到的所有细节，机器不可能都看得到；同样，机器看到的细节人也不可能都看到；人和机器互相之间是看不彻底的。而人类无法知晓、处理无数物联网设备与机器人掌握的数据，那么，人和机器只有分工协作做好自己的本职工作，两者才会和平相处。

今天的人工智能已经不仅仅是认知，而是具备了逻辑、推理和学习能力，是人类区别于动物最根本的能力。它的能力是人类预先不了解的，甚至超出人们预期的。正如科大讯飞董事长刘庆峰所言：

我们今天提的更多的是万物互联，而到今天却仍然是简单的联网，还没有后台交互能力，所以其实它没有办法真正成为风口。而当后台的数据交互以及超脑的认知解决了，就会跟每一个产业相关。就像外面天气很冷而你应该穿暖和一点、外面有雾霾你要记得戴口罩一样，周边设备会像一个善解人意的秘书一样，真正融入到社会生活的每一个角落。

第四部分 边界

Part Four

XIAN'ER ROBOT

人工智能对世界的影响还是未知的，但对劳动力的解放、就业以及道德伦理都带来了新的问题和思考。而佛教的道德理念和建设将更好地为之提供伦理依据，避免技术的偏颇发展。

——贤书法师

10
是天使，还是终结者

两個都是
假的。

“世上真的有佛陀吗？”一个科学家用颤抖的声音发问。

“现在有了。”世界上最聪明的人工智能计算机的话音未落，一道闪电划过它的电源插头，从此，人类再也关不了这台计算机了——永恒，也是佛陀现世永存的一个表象。

就在人们还在为人工智能领域“佛陀在世”而思考时，被称为“离上帝最近的人”——物理学家斯蒂芬·霍金，在美国一档脱口秀节目上，给全球的电视观众讲了这个关于人工智能未来的故事：人类创造出来的机器人将扮演“终结者”的角色，最终成为人类最大的威胁，甚至毁灭人类。

一边是人工智能拥有的美好前景，另一边是人工智能将会带来的破坏性颠覆。

近几年，关于是发展还是限制人工智能的讨论在科技界及企业界不断升温。比尔·盖茨也表达了要控制人工智能发展的言论；在电动汽车领域独树一帜的埃隆·马斯克，虽然紧随谷歌高调进军人工智能的另一个领域——自动驾驶汽车，并做得风生水起，但他也对人工智能的发展表现出了忧虑。甚至一些企业界大咖联合呼吁在源头上立法规范人工智能的发展，避免其给人类带来灾难性后果。

其实，我们可以通过最基本的认识来判断人工智能的发展，即人工智能背后人的道德水平才是决定其最终去向的根本。在人工智能发展已成必然的当下，我们必须避免“终结者”这样的剧情上映。但如果全球人工智能领域的参与者不能在这一点上达成共识，不能把这一高科技工具锻造成善因的播种者，那么人工智能很可能会走上另一条不归之路。

人工智能会超越人脑吗

比尔·盖茨认为，机器人今后几十年将给人们的生活带来很大帮助。“人工智能今后30年将实现更大的进步，”他说，“采摘水果或移动病人等机械化任务将得以解决。一旦拥有超级智能的机器人能够轻松识别物体、四处移动时，它们就会得到更广泛的利用。”盖茨甚至爆料称，倘若当初不是创办微软，他可能走上人工智能研究之路。“我创办微软时就担心，我可能错过了在这一领域开展基础研究的机会。”他提醒人们，需要敬畏人工智能的崛起，而贤二机器僧一类的人工智能正在悄悄发育并慢慢长大。

伴随着科技的发展，人类在脑波交互、思维交流方面研究不断深入的同时，对人工智能的研发也取得了突破性进展。形态各异的人工智能犹如从神话中穿越进了现实的科技世界，通过功能的生活化升级，成为酷炫的新时代科技新宠。

人工智能的发展让脑机接口技术走出实验室，走进了大众视野。但其技术尚不能检测到人们思维的具体内容，也就是说，像贤二机器僧一类的人工智能还处在只能遥望人类思维的成长中。那么，人工智能能否让“贤二”们拥有达到或超越人脑智能的可能呢？

我们知道，人脑除了具有信息的获取和存储能力之外，更重要的是在所存储信息的基础上进行推理、判断、分析问题等能力，也就是人们通常讲的思维能力和主观能动性，这也是衡量人脑“智能”的一个标准。但这同样也是很多人争议的焦点：像贤二机器僧之类的人工智能未来真的会有类似于人类的思维能力吗？

刘雪楠在展望机器人的未来时，第一次把贤二机器僧视作拥有接近人类思维特征的一个实体进行了分析和预测。他认为，物联网时代，互联网将成为物联网的从属或者一个介质，它带有物的特性，包括贤二机器僧之类的人工智能在内，都将成为有思维能力的实体物。

在刘雪楠看来，贤二机器僧一定会在实体和虚拟两个层面快速发展。如果从佛学的角度看，它会有可听的经、可看的经书，但一定也会有要拜的佛和要供的佛像。那么，贤二机器僧或许会成为佛教能进入信众家庭的一个重要方式和助手。这个助手会起到划时代的作用：它会第一次让人们知道佛学原来是可以和科学画等号的。

我们知道，佛学在中国有很多年的历史，但因为经历了一些动荡，以及偶然被赋予迷信的内容，因而被看作不好的东西。而贤二机器僧这

一次会让人们以崭新的视角，以一种让人尊重敬畏和喜闻乐见的形式再次把佛学带回到人们日常生活中。佛教及寺庙等在人们眼中可能与“庄严”“古老”“一成不变”等词相关。然而，佛教不仅有它古老的一面，也有先进的一面。过去，唐三藏不仅带回了经书，也带回了国外的经济文化信息。贤二机器僧要扮演弘扬佛学和佛法的角色，它的形态如何、长成什么样子不是最重要的，最核心的是要解决如何让人们与佛教更亲近、更亲和的问题。

一个拥有智能思维的贤二机器僧正在做一件非常有意义的事情：这个智能机器僧会思考并向人们传递“佛学并不是封建迷信”的理念。它身上拥有很多科学理念，让人们认识到佛学也是一种科学，让人们慢慢明白佛学是怎么一回事，将佛学从“出世”带回“入世”。它第一次将人们观念中传统、落伍、甚至被认为有些迷信的文化形态，以现代、科技的机器人形式带到人们面前，给人们以耳目一新的感觉。

刘雪楠对这个会把佛学重新带回人们身边，改变人们“佛教就是封建迷信”观念的贤二机器僧充满期待。他对贤二机器僧未来的类人智能保持着乐观的憧憬，而类人智能正是“贤二”们成长的唯一路径。

早在 1956 年达特茅斯夏季研讨会上，约翰·麦卡锡、马文·明斯基等一众科学家就预想将计算机发展成为类人智能工具，让它拥有更多人类级别的思考、智商。但现在看来，尽管人工智能在一些方面有了很大的进步，但依然和人有着巨大的差距，还谈不上具有自主学习、想象创造和逻辑思考等人类的高级特征。那么，作为一个目标，人工智能也在这方面做着不懈的努力，让冷冰冰的计算机具有人类级别的感情、思想和行为。这一终极目标的实现，现在看来还很遥远。

人工智能过去集中发展语言和语义以及与人的基本交流等功能。现在已经出现最新的视觉智能，它能感知周边环境，不过这种技术尚未集中化呈现出来。拥有这类功能的机器人还处于起步阶段，它就像一个婴童，它还不能看到世界的一切，但是它也在看，只是还无法站立起来看，类人智能与婴童的发展相类似，现在能牙牙学语了，证明它已经具有语言功能，但是动作还很简单，运动范围也有限，对周围环境的感知能力和判断能力也受局限，但是它发展的速度和芯片的速度是一样的，会快速地发展。

而在某些智能方面，如纯记忆方面、纯信息的记忆和信息的调取等方面，刘雪楠认为："人工智能就像过去的计算机，它已经完全超越了人类，虽然在其他方面的综合运用还有很长的路要走，但作为一种充满生命力的新事物，它的裂变速度是我们无法想象的。"刘雪楠对所谓的"无法想象"做了一个通俗的比喻：一个人跑 10 公里的时候，会很累；跑 20 公里的时候可能还能坚持，但是跑到 40 公里的时候就不知道会发生什么了。所以在新事物发展速度非常快时，有很多东西是人类无法想象的，人工智能就是这样。

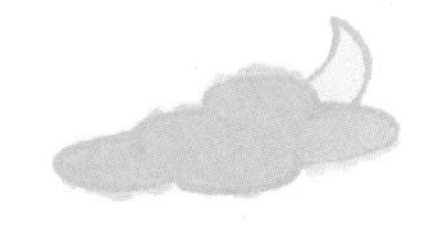

让贤二和伙伴们帮你干活吧

未来的智能机器人可以连接家里面的智能设备，整个房子是一个静止的环境，可以被智能机器人监控。启动这种机器人，就像按动手机上的一个按钮那样简单。而贤二机器僧一类的机器人

从研发至今，已经发展为最新型的带屏幕的U03S。它们安装有智能灯泡，可以控制家里所有的灯光，也可以控制所有的电器；它还可以测血压、量体重，具备双向视频功能。家里配有这种机器人，用户手机上装一个软件，就可以遥控这个机器人看管家里一切。

贤二机器僧未来的发展之路还很长，它的智能化程度也将随着科技不断进步而得到提高。从现在的服务型机器人向类脑计算机过渡，贤二机器僧的未来一定是逐渐具有一定的类人感知能力，即（计算机控制体系）在得到信息刺激、训练和学习后，能够体现出自觉意识，而不是像现在这样在它的大脑中装入什么就是什么。当然，刺激源可以是来自互联网的大数据平台，也可以是它本身具有的感知系统（包括摄像头、传感器等）。它可以在周遭环境中，不论是与人还是与物交流，得出自己的判断。这就让贤二机器僧一类的智能机器人彻底告别程式化的指令生活，不再依附于人来给它提供内容，从而拥有了自我学习和自我判断的能力。

对于这种奇妙诱人的科学远景，也引起了人们的疑问：大脑奥秘尚未揭示，人们还不了解智能背后的基本原理，能制造出具有大脑智能的类脑计算机吗？

拥有1 000亿个神经元，每个神经元又通过数千个甚至上万个神经突触和其他神经相连，这就是人类的大脑，一个规模庞大到超乎想象的系统。带给人工智能科学家们的一个利好是，如此复杂的大脑组织体系，人们只要掌握了每一个突触和神经元的生物学特性、化学特性，

甚至物理学特性，弄清楚突触和神经元是如何处理来自外界的各种信息的，就会实现大突破。另外，还有一个要突破的研究领域是，要掌握人的“心念”（念头）是如何通过大脑来传递信息的。如果解决了这些问题，那么，大脑拆解就是一个可以实现的工程技术问题了。这也就突破了人工智能中类人大脑的困扰，可以让各种人工智能产品具有更高的智商。

而在中国，这样的研究也没有落在世界队伍的后面。在有了几十年类脑计算的研究基础后，北京大学微电子研究院在 2012 年研究出了突触模拟器件，响应速度比生物条件下的突触快了上百万倍，而触点也只有生物突触的十万分之一。这一光学突触的实验飞跃，让人们在人工智能领域又增强了自信。从科学的角度看，大脑突触以及神经元的反应是可以用科技手段来达到的。

清华大学也在北京大学之后于 2015 年成立了“类脑计算研究中心”，从基础理论到芯片开发再到软件体系展开研究尝试。而在此时，中国科学院计算技术研究所也研制出了世界上首款深度学习处理器芯片。这些基础性研究成果，都在不断推进人工智能的发展步伐。他们的目的只有一个，让机器人和其他人工智能产品能够像人一样生活，具有人最基本的生活能力。

但是，这条路还很漫长。就现在的发展状况来看，以号称世界上最智能的谷歌 AlphaGo 为例，它依旧是一个储存运算体系，也就是说，它的“思考能力”是人们提前设计好的，而不是现场发挥。

这就又回到了“二律背反”悖论[①]中来：现在的实验室技术已经让

① 古典哲学家康德提出的哲学基本概念，指规律中的矛盾，在相互联系的两种力量的运动规律之间存在的相互排斥现象。——编者注

类脑计算机的突触反应高出人类上百万倍，如果在此基础上，能够像想象中那样实现计算机的人脑化，实现机器人可以像人一样生活甚至恋爱乃至产生情爱，像人一样有了善恶观，那么在没有道德与法律的约束下，如果“恶性”占了上风，那对人类来说，将是一件很可怕的事情。

因此，人类对于贤二机器僧相关的伦理和风险研究也必须同步展开。

四大领域，改写人类社会

1956 年，“人工智能”这个词开始出现，被用来描述机器、计算机或者一个系统能够体现出类人智能的能力。从那时起，人类也进入了一个困境之中，也就是如果不发展，人工智能只能在人类的操控下来完成简单任务，无法和人类的智能站在一个水平线上甚至超越人类，带领人类向更高的方向发展。这就提出了一个新的课题：贤二机器僧及它的伙伴们是否能够具有最终控制人类的能力？

现在看来，IBM 超级计算机沃森就可以通过学习历史等知识，来实现更高层次的人工智能。而谷歌 AlphaGo 更是当下人工智能产品的典范，因为它已经具备了挑战运算极限、应对复杂环境的能力。从沃森到 AlphaGo，全球一些大公司谷歌、Facebook、微软、惠普，甚至中国的百度、搜狗等公司，都在人工智能的聪明程度上大做文章，也成为研发的一条主流道路。

那么，与人类比肩甚至要超过人类的人工智能，会不会对人类产生颠覆性的威胁呢？

这就是比尔·盖茨担心的原因所在，他对部分人的麻木感到担心："我不理解为什么有人不担心超级智能机器的出现，认为它们不会作出坏事来。"如科幻电影中的场景一样，机器人会不会对人类表达自己的不满，甚至会有意识地为了自己能够成为这个世界的统治者，而不遗余力地对人类进行屠杀？一切皆有可能。

埃隆·马斯克也表达了这样的担忧。他认为，随着人工智能的不断发展，机器人会越来越聪明，智能程度将超越人类，最终将会对人类产生不可预知的伤害和威胁。

在人工智能领域属于后来者的马斯克因为特斯拉这款电动汽车和可回收火箭系统，开始步入人工智能领域，在自动驾驶汽车和火箭回收领域成了全球的行业领头羊。而他在2015年时，就投资上千万元成立了"未来生命研究所"，其主要任务除了生物学方面的研究外，更主要的课题就是进行人工智能的开发研究。作为一个清醒的企业家和超级"骇客"，马斯克对人工智能的发展有着自己的判断。他认为，在没有道德边界的规范和法律范畴强制，人工智能就可能出现问题，并且"5年内就会给人类造成麻烦"，人工智能的危险程度可能超过核武器，需要被监管，从而保证这个世界不会去做一些极其愚蠢的事情"。

与马斯克"5年焦虑"的担心相比，霍金的担忧更加强烈，也看得更加长远。他向人们发出了"人工智能必将导致人类灭绝"的警告。他预言，人工智能将在下一个百年内成为这个世界的主宰，必然将取代人类，人类将成为人工智能的附属和奴隶。

那么，人工智能在现在没有道德围墙和法律规范的状况下如何发展？

早在2015年，作为科学家的霍金和作为人工智能实践者的马斯克就共同签署发表了一封公开信。在信中他们明确表示：人类应该规范人工智能的发展，而不是任由其信马由缰，要对人工智能加以控制，对那些具有高智商的机器进行严加看管，务必要提前阻止一切可能造成危害的事件发生。公开信中说：

> 由于现代文明的各个方面都是人类智力的产物，人工智能潜在的巨大好处就是能够提高全社会的效率。人们无法预测人类的智能会不会被人工智能的进步而进一步放大，但是可以想象的是，由于其对社会进步的巨大贡献，疾病的彻底根除和贫困问题的解决等已经成为可能。

但是，他们在肯定人工智能将要带来利益的同时，也有担忧。短期之内人工智能带来的失业潮，未来人工智能一旦超越人类，就会对人类的行为产生反抗，不按照约定好的程序行事，悲剧的出现就在所难免。所以，霍金和马斯克一再强调，“人工智能系统必须严格按照人们的想法行动”。

就如霍金说的一样，人工智能的诞生“可能是人类历史上最重大的事件，但不幸的是，也可能是最后一件”。马斯克将能独立思考的自动化机器比作“召唤魔鬼”。他说：“我认为人们应当谨慎对待人工智能。如果有人问我人类未来面临的最大威胁是什么，我认为是人工智能。”他还指出，全社会应该建立一套监管系统，可以从国家利益出发，也可以从全球利益着想，用来规范人类的行为，以保证人类不会干出什么傻事。“使用人工智能就像是在召唤魔鬼一样，自以为是的人类总是觉得能够控制住局势，但是也有玩过头的时候。”

作为人工智能的大结局，人工智能会控制人类吗？那就让我们看看人工智能所涉及的领域，再联想人工智能对人类的威胁程度。

自动驾驶，让司机失业

如今，像谷歌、特斯拉，还有传统的汽车制造企业宝马、奔驰等公司，都在对自动驾驶技术进行开发和运用。在这一领域领先的是谷歌公司，他们的技术已经相当成熟。但自动驾驶技术的破冰之旅就在于法律的界定，也就是在无人驾驶的状态下，一旦发生了车祸造成了人员伤亡，谁来承担责任的问题。人，还是机器？我们看到，一些未来学家给出了自动驾驶替代人类驾驶的年限，在未来 5~10 年内，司机这个职业就会消失。如果真有那么一天，驾校这个产业也会消失吗？

服务型机器人的蓬勃发展

我们知道，人工智能的主要应用领域有三个：一是互联网或者物联网（云计算和储存）；二是制造业（工业机器人）；三是服务领域。服务型机器人的蓬勃发展让人们越来越多地了解了人工智能。在酒店中，服务型机器人也走入人们的视野，为宾客做一些引导等服务；担任安保的机器人也已经上岗；而幼教学习型机器人也在很早前就走入了人们的生活，为人们提供服务，比如，贤二机器僧的母版小优，就是学习型机器人。但是，如今的服务型机器人还存在很大短板，也就是解决不了有些人体力学的问题，不能像人一样走路，它没有关节的曲动，不具备肌肉组织，因此还不能够行动自如。也就是说，服务型机器人要具备人的功能还有很远的路要走。

人 + 人工智能

现在很多互联网企业都在备战大数据，他们要么重金收购一些成熟的数据分析提供商，要么就成立自己的数据研究机构，就是为了打通数据采集、储存和应用的完整闭合链条。这些数据也依赖于智能硬件和互联网技术的发展。今天，云存储的大量应用，以及点对点的大数据化信息推送，都是大数据技术成熟的标志。

如果我们把 IBM 超级计算机沃森在益智问答节目《危险边缘》中击败人类选手，并最终获得 100 万美元奖金和冠军称号的事件作为一个里程碑的话；那么，在 2016 年举行的 AlphaGo 和世界围棋名手李世石的比赛，更是让人工智能领域的研究者们乃至围棋爱好者欣喜若狂。AlphaGo 的最终胜利也昭示了在大数据技术环境下，机器的运算能力要远远强于人类，它的反应速度是人类的上百倍不止。在人类和计算机的对决上，人类处于下风。

数据应用在行业中体现的更现实，是“人 + 人工智能”的优势。数据化的分析能力提高大大带动了每一个行业的生产效率。比如，金融公司需要搞明白哪个项目存在金融诈骗风险，就会利用客户交易记录等进行分析，然后得出结论；广告公司的广告投放也日趋精准，不再是大海捞针，而是针对客户分析来通过数据提升转化率；电子商务从业者也可以根据用户分子数据来制订营销计划，乃至针对有效客户制订一对一的营销方案，增加与客户的黏性，并且长久、滚动式地达成交易；在医疗方面，通过数据共享，全球最优秀的医生可以共聚一堂，为一个疑难病例进行会诊，也可以通过数据共享实现“无界诊疗”。这一切，都是通过大数据的采集以及共享平台的建立来完成的。

如果我们能够解决数据采集和云计算的海量储存和应用，那么，我们就可以设想一下未来的智慧城市是什么样子的。城市不仅仅是智慧的，还有很多乐趣。就拿一个垃圾箱来说，它不再是一个简单的废弃物储存箱，而是一个智能终端，当有人扔垃圾时，它可以发出动听的声音和美妙的音乐，还可以指导你把什么样的垃圾放入什么样的桶内，当然，它还有自动分拣的功能。

带有“七情六欲”的意识机器人

人工智能从自动化的设计中继承了感知、学习和反应能力，加之大数据的后台支持，能够对情感需求者进行彻底分析，然后对症下药，解决需求。人工智能的一个关键技术就是人机交互能够在做到完美的前提下，通过机器人的视觉、听觉、触觉甚至嗅觉等感官，感知到对方的一些需求。例如人形机器人“Pepper”不仅能够解决一些人的情感问题，如果将它升级，它还可以成为一个性伙伴，解决人的生理问题。

作为人工智能的代表产品，贤二机器僧目前还处于初级阶段，但随着技术不断发展进步，未来的贤二机器僧是否会真的如人类一样智能？

目前，区别于智能机器人的意识机器人（conscious robot）尚在研发中。现在的智能机器人还处于无意识状态，也就是说它的思想意识是冷冰冰的程序，是人预先设计好的，要按照这个程序来办事。意识机器人则不然，它拥有七情

六欲、有喜怒哀乐，当你打它、骂它的时候，它就会有情绪反应。当你把它的胳膊打断时，它就会愤怒，甚至会反抗。

人区别于或者说高级于其他物种的关键是大脑能够产生意识，并且能分析意识，通过意识去支配行为。这就是佛教中所说的“我”的概念。这个“我”是具有八识的，也就是眼耳鼻舌身意、末那识和阿赖耶识的复杂集合体，而现如今的智能机器人只能做到眼耳鼻舌身等五识，还不能自主判断事物发展，应对事物的变化。

从一定角度来看，人其实也是一个机器的组合体，其程序就是天生的基因 DNA。人体由无数的细胞组成，然后又由各种神经元构成庞大而又复杂的传导机构，收集、聚合、分析、传导各种信息，从而指导人的行为。当一个卵子和一个精子成功结合的时候，生命之旅由此开始。大约在胎儿六七个月大时，大脑神经系统开始形成，意识也就由此而产生。

因此，神经体系才是意识产生的“发源地”。对于研究者来说，人工智能的终极目的是让机器人具有更高的智慧，也就是说，它的系统可以越来越复杂。但是，这是不是意味着机器人就具备了意识系统呢？我们对人工智能的担忧是不是有点杞人忧天呢？

众所周知，现在的计算机程序是由密度很大的三极管和芯片组成的，但是，看似蜘蛛网一般的复杂体系，不过是简单的重复而已，是由单元三极管和芯片组成简单的克隆而已。目前所有的计算机程序都是基于图灵机的结构，这种结构是一种单进程程序，不管你是 Windows、iPhone 还是其他终端，都有一个主线程、一个起点，然后循环，调用不同的传感器，敲键盘、动鼠标等动作，产生不同的刺激反应，调动相应的程序。这种程序太简单了。

而如果说人体每一个细胞承载的信息都不同，可能有点夸张，但是，每一个神经元却担负着不同的责任，传达着不同的信息。这也就是为什么佛教要说人的一念有八万四千个法门，也就是一个念头里面涵盖了无穷无尽的信息。

面对这样一个难以跨越的现实，要想制造出具有人类级别意识的机器人，还有漫长的路要走，首先要改变计算机现在的编写程序结构，要从人类的角度出发模拟编写人类“程序”。有些研究者认为，即便人工智能向前飞跃了一万年，基于人类创造前提的机器人也不可能超越人类，成为一个有意识的动物。

在人工智能的各种落地方向中，虚拟现实是一片未被开垦的处女地。虚拟现实的演化方向与上述所说的完全不同，更倾向于建立一个像电影《黑客帝国》里描述的那种虚拟空间；但要想非常真实地创建那样一个世界，还需要人工智能领域的专家、从业者付出更多努力。

贤二机器僧漫游人工智能

11 是融入，还是叛变

賢二，昨晚你好像跟機器僧發脾氣了。

不光發脾氣，我還掉了他的電源……

……

人工智能会对人类产生威胁吗？人工智能领域目前最热门的话题之一就是人工智能威胁论。

在这个人工智能甚嚣尘上的时代，谁在扮演“卢德分子”[①]的角色？是埃隆·马斯克、斯蒂芬·霍金、比尔·盖茨吗？他们的担心是什么？是怕人工智能走向恶的世界，成为一些恶人作恶的工具，还是另有从道德和法律上的考量？

① 卢德分子，指的是1811—1812年，以一名叫卢德的工人为代表，以破坏机器为手段反对工厂主压迫和剥削、抗议纺织行业机器化的英国工人。后来泛指反对新技术的人。

斯蒂芬·霍金、比尔·盖茨、埃隆·马斯克为何忧心忡忡

如今，美国和欧洲一些国家的媒体报道中充斥着机器人威胁论。很多业界大咖都发表过关于人工智能威胁的言论，无数文章援引了他们的担忧。2015年年底，一家位于华盛顿的智库机构"信息技术与创新基金会"提名埃隆·马斯克为年度"卢德奖"候选人，斯蒂芬·霍金、比尔·盖茨等人也"光荣"上榜。

马丁·福特曾说："一场由人工智能全面支持的军备竞赛很可能在不久的将来酝酿。真正的问题不在于人工智能领域是否面临寒冬的危险，而在于进步是局限于弱人工智能领域，还是最终会扩展到强人工智能领域。"

人工智能会"撕裂历史的结构"，迎来"奇点"时代。这是未来学家雷·库兹韦尔的预言。这一预言引领了美国硅谷科技时尚若干年，拥有了很多拥趸，当然也有很多反对者。但是，有理智的人普遍认为，超级智能是不可能实现的，或者只能在非常遥远的未来才有可能实现。

美国麻省理工学院研究认知科学60多年的艾弗拉姆·乔姆斯基（Avram Chomsky）教授就认为，从现在的科技手段来看，离研制成功人类智能级别的机器智能还遥不可及，奇点只存在于科幻小说中。

对于"奇点只存在于科幻小说中"的说法，哈佛大学心理学家史蒂

芬·平克（Steven Pinker）[1] 对此表示赞同。他说："没有丝毫的理由相信奇点会在未来实现。你可以想象出一个未来，但并不能证明它就有可能发生。"

人工智能专家詹姆斯·巴拉特（James Barrat）曾对200名研究员进行了一项调查，看他们内心对超强人工智能实现的时间是如何判断的。结果是：42%的人认为能思考的机器人将在2030年前被创造出来；25%的人选择在2050年前实现；30%的人认为是在2100年之前会发生；只有3%的人认为永远不会发生。

尼克·波斯特洛姆在分析了各种数据后认为，与人类智能水平并驾齐驱的机器智能有相当大的可能会在21世纪中叶出现，但可能会更早，也可能会更晚。只要这种机器智能出现，就会很快出现超越人类智能水平的超级智能；这会对人类生存产生极其重大的影响，或是产生极好的影响，或是造成人类灭绝。

百度首席科学家、斯坦福大学教授吴恩达（Andrew Ng）做了个比喻，担心人工智能的威胁就像担心火星上人满为患一样。也有不少科学家认为这是个伪命题，不值得浪费时间，因为目前人类要达到这个水平还很难，人工智能还需要跨越一个长达十几年甚至几十年的寒冬。

2015年12月，人工智能领域最重要的盛会——神经信息处理系统进展大会（NIPS）在加拿大蒙特利尔召开。会上，大多数与会者并不担心人工智能的安全性问题，不过他们都承认，提前考虑这些问题确实没

① 史蒂芬·平克，当代最伟大的思想家、TED演讲人、世界顶尖语言学家和认知心理学家。推荐阅读其"语言与人性"系列图书（《心智探奇》《语言本能》《思想本质》）。该系列图书中文简体字版已由湛庐文化策划、浙江人民出版社出版。——编者注

有坏处。不过最大的分歧在于应该何时展开人工智能安全性研究。

对人工智能一直心存芥蒂的埃隆·马斯克坦言，他的新能源汽车特斯拉从人工智能的发展中汲取了很多养料，他们研发的无人驾驶汽车也是这一养分汲取后的成果。但马斯克一直想解决这样一个问题，那就是：有没有一种方式或者是技术，能够确保人工智能往有利的方向发展？所以，马斯克创建了人工智能公司OpenAI。这个开源式公司成立之初，就旨在把其研究技术与世界共享，并且尝试开发出一种“仁慈”的人工智能，让人工智能走向善的道路。

是上天堂还是下地狱，还是人们在乌托邦下独自找乐子？如果能够消除人工智能对人类的威胁，那是再好不过的圆满事情，因为没有人愿意看到《终结者》的故事在现实生活中上演。

早在1950年，艾伦·图灵就提出了一个大胆的假设，那就是让电子计算机可以和一个人自由对话。现在看来，这一设想基本已经实现了，人们开始接受计算机也可以思考这一事实。但是，这种对话不是源自计算机本身的思考，而是编程者已经把所有的预案都编写好了，来应对人要说什么。经过60多年的发展，谷歌推出的人工智能神经网络系统的智商已经可以识别一些常见的物体，这项技术也被应用到了谷歌的无人驾驶汽车开发上。这些科技成果表明人工智能的迭代脚步越来越快了。

2014年，一个萌妹子出现在微博上。

这个叫小冰的虚拟人，把一些心怀青春的男青年们狠狠地“勾引”了一把，让他们沉迷在深夜里，与自己聊个没完没了。微软开发的这个聊天虚拟机器人，其作用就是一个实验，来验证人工智能的交互情况。这个事实，也验证了科幻作家格雷格·伊根（Greg Egan）的想法，就像电影《她》（*Her*）中讲的那样，**人工智能将会促进人类间更加畅通的交流。**

但是，乐趣的背后是一些企业家和科学家理性而又悲观的“人工智能是对人类的终结”的说法，人们越来越多地陷入了“发展焦虑”的陷阱中。一方面人们对未来发展和人工智能具有的智力水平持乐观态度；另一方面，又怕这些能够产生邪恶的技术被坏人利用，不能造福人类，反而成了人类的敌人。但就目前的状况看，人工智能现在所拥有的智能水平远低于人们的想象，还不能够像人一样去思考，也就是佛教所说的拥有“自觉”。

正在降临的技术奇点

那么究竟什么才算是真正的人工智能呢？

一般认为，人工智能的定义是：“研究、开发用于模拟、延伸和扩展人的智能的理论、方法、技术及应用系统的一门新的技术科学。”从这个定义我们就能看出，人工智能有三个发展阶段：第一是模拟，第二是延伸，第三是扩展，核心是人类智能。而现在很多机器人和程序还仅仅是模拟人工智能。它们能完成大量人类无法完成的复杂计算，记录人类无法想象的数量巨大的数据，完成很多有难度的动作，但这些都不是

真正的智能。坦白来说，这些还都是人的智能在发挥主导作用，也就是说计算机再厉害，也都是程序员事先安排好的，它还不具备自我延伸功能。目前的人工智能还处在初级阶段的水平。

真正的人工智能既然是对人类智能的研究，就要从人类自身说起。在现实世界中，我们不仅仅要去计算、记忆或是对一些事情作出反应那样简单，还存在大量多线程事件、模糊事件；人们不仅要面对、处理很多不确定的事件，还要兼顾其他很多突然会发生的事情和影响。比如开车的时候，你不仅要专心开车，可能还要跟同伴交谈；当前面的路上突然出现一条狗时，你还要及时反应并采取相应避让措施。

现在的人工智能已经解决了深度学习的问题，也可以通过设定让程序自我进化。从人工智能的发展来看，拥有感情、性格、思想是终极目的，要达到这一目的，就要求从事这一职业的人不仅会编写程序，还必须懂得心理学和哲学。

很多研究者认为，现在的人工智能已经达到了一个“技术奇点”。而谷歌 AlphaGo 的出现似乎让人们感到这一天真的会来临。如果这一天能够到来的话，机器人就真的能够像人一样进行思考，也拥有了爱恨情仇。

人的幻想没有边界，有越来越多的科幻影片中会出现人类被自己创造的机器人或新物种“恶搞”的故事情节，虽然最终人类很坚强地打败了对手，但也有许多机器人英雄担当了拯救者的角色。

我们也可以从电影《人工智能》中机器人小男孩儿戴维对妈妈深深的爱中，从《机器管家》中机器人安德鲁经过自己的努力逐渐变成人并最终被承认的经历中，以及《银河系漫游指南》中那个患有忧郁症的机器人马文要表达的情感心理问题等，一窥未来。这些机器人形象让人们能更加了解未来机器人拥有意识的那一天是怎样一幅场景。

拥有自我意识的机器人除了比人们更聪明、更有效率外，也像人们一样拥有了各种感情、习惯、性格，甚至缺点。这就是佛教中“善缘”的聚集，也是人人皆具“佛性”的一个正确表达。当然，作为人，他也具有普遍的两面性，也有其弱点。

机器人可以像人类一样思考的那一天到来时会是什么样子？如果它们真的超越了人类了，又会是一幅什么样的图景？如果这些由冷冰冰的金属及导线构成的机器人，把人类的恶性学了去，变得冲动、阴险、势力、嫉妒、狡诈，人们该怎么办？当机器人试图壮大自己的队伍，企图控制人类甚至消灭人类时，人们又该怎么办？人类将会迎来一个无比黑暗的未来吗？

这让人想起丹尼尔·威尔森（Daniel Wilson）的小说《机器人启示录》（*Robopocalypse*）中那个叫作艾克斯的机器人。艾克斯虽然有着纯真孩童的脸，但在掌握了全球网络的控制权后，却指挥人类制造的机器和武器反过来对抗人类。实际上，这是人类在给自己套上幻想的枷锁，把自己逼到一个窘迫的角落，去反思自己的行为。其实，中国古人在这方面就很有智慧，“魔高一尺，道高一丈”，人是创造这一切的主体，他自然会从源头去控制事态的发展。但是，这个世界不乏希特勒这样的人存在，如果他们拥有了艾克斯，这个世界就会大乱。

虽然计算机的发展史才 70 多年，但是其革命性变革是有目共睹的，

并且技术发展之快，令人瞠目。这就又要回到话题的源头，如何让作为人工智能造物主的人类在发明与研究过程中始终保持心向善呢？若是连自己都做不好，心中有许多恶念，还怎么去驯服比人更加优秀的机器人呢？

我们不能否认这样一个残酷的现实，那就是很多尖端技术都是为了战争或者是应对战争发生，打败假想中的敌人或者说是为了维护世界和平而设计发明的，那么，人工智能也一样，尤其是机器人，未来有一天全世界的军人或许都会由它们来充当，杀戮的责任由它们来承担。这样的场景，的确让人们感到害怕。我们经常从一些电影中看到，一些疯狂的人为了拥有核弹而不惜代价，他们的目的就是为了毁灭或者统治他人。虽然世界和平是今天的主题，但局部战争依然疯狂，这也就为企业家和科学家的担忧找到了佐证。

在电影《我，机器人》中有这样的一段对话，苏珊博士问桑尼："我刚刚唤你，你为什么没有响应？"NS-5 型号机器人桑尼回答道："我在做梦。"

而现实中的斯蒂芬·霍金、比尔·盖茨、埃隆·马斯克，这些科学家和企业家却没有做梦，他们很清醒。"我属于很担心超智能技术的那一派，"比尔·盖茨说，"起初，机器可以为人们做很多工作，而且智能性不高。如果处理得当，它的确具有积极意义。但几十年后，机器智能将足够强大，从而给人们带来一些担忧。"比尔·盖茨很担心人工智能的发展，虽然让机器人为自己处理各种工作听起来很有科幻感，但他担心这种技术对未来的影响。比尔·盖茨表示，他认同埃隆·马斯克"人工智能可能比核武器更危险"的说法，对这种创新未来的应用方式感到担忧，尤其是存在将人工智能军事化应用普及这一可能性。

虽然比尔·盖茨表达了担忧，但同时又在加紧布局人工智能。作为一个企业家，比尔·盖茨不可能因为人工智能未来存在危险就停下研发的脚步。微软正在进行一个名为Personal Agent的项目，其人工智能的产物可以记住所有事情，帮助你回顾和寻找东西，并选择可以关注的东西。 Personal Agent的出现可以解决人们很多实际问题，而且不需要很多应用软件的帮助。“它能兼容你的所有设备。”比尔·盖茨说。

由于患有运动神经元疾病，霍金需要借助一台机器与外界交流。受智能手机输入法启发，美英两家科技公司合作，为霍金的计算机“量身定制”,设计出一款新的打字软件,使这位科学家的“说话”速度提升一倍。这种软件就利用了基础的人工智能技术，可“猜测”使用者的思维，推荐下一个可能用到的字词。也就是说，霍金是人工智能的直接受益者。

从战略长远的利益出发，在承认人工智能科技在初级发展阶段的确为人类生活带来便利的同时，霍金却表示:“要警惕其过度发展，因为得到充分发展的人工智能或许预示着人类最终被超越。到时，机器将可能以不断加快的速度重新设计自己。而人类则受制于生物进化速度，无法与其竞争，最终被超越。”

霍金曾与另外几位科学家在2014年5月为英国《独立报》撰文称，人们目前对待人工智能的潜在威胁“不够认真”，没有引起足够的重视。“短期来看，人工智能产生何种影响取决于谁在控制它。而从长期来看，这种影响将取决于人类还能否控制它。”如何趋利避害是所有人需要考虑的问题。

对于人工智能变成武器这一糟糕的现实可能，数百位专业人士联合号召禁止开发人工智能武器。但是，新一轮国际间的军备竞赛恰恰发轫于人工智能下的“互联网”。标志性事件就是斯诺登的出现，让全球人都有了被监视的恐惧。看来，“马斯克们”的担心并不是杞人忧天，而是已经发生。而美国也认为，下一场世界大战将是一场互联网战争。

霍金、埃隆·马斯克和苹果联合创始人史蒂夫·沃兹尼亚克（Steve Wozniak）等人表达了对人工智能武器的担忧。他们认为，人工智能武器是继火药和核武器后在“战争领域的第三次革命”。如果有任何军事力量推动人工智能武器的开发，全球性的军备竞赛将不可避免。因为人工智能武器不像核能一样，需要高昂的成本和难以获得的原材料，一旦开发，人工智能很容易在各军事力量中普及。

“希望人们并不是超级数字智能的生物引导加载程序。但不幸的是，这样的可能性越来越大。”埃隆·马斯克的说法有些可怕，他认为，有感知能力的网络化机器人是全球最危险的武器，人类正在走向由机器人统治的未来。这并不是埃隆·马斯克首次发表这样的观点。2015 年早些时候在接受 CNBC 电视台采访时，他就表示，在开发这样的系统时人们应当非常谨慎，并开玩笑地表示，如果人类不够谨慎，那么未来很可能会出现“终结者”。

不过，埃隆·马斯克并未彻底否定人工智能，而仅仅是希望人们能更加谨慎，不要把高科技的人工智能用到制造武器上去。他此前也认为，特斯拉汽车在未来几年将可以实现自动驾驶。在人工智能发展的大趋势下，参与研发的公司及其成果在不断增加，如谷歌公司的 AlphaGo、IBM 的超级计算机沃森、苹果 Siri 智能语音助手等，世界顶级互联网公司包括微软、惠普，甚至百度、亚马逊等也都有开发人工智能的举动和投资。人工智能在工业机器人和服务型机器人、大数据、云计算等方面表现突出，在医疗保健等领域也已经得到运用。但是这些公司同时也都在考虑安全问题。所以当人工智能公司 DeepMind 被收购时，便在收购协议中加入限制条款，要求收购方不能将其技术应用于军事领域。

游走在善与恶的边缘

清晨睁开双眼，漆黑的房间正以最为舒适的速度慢慢变亮；随着你的起身，耳畔便传来舒缓轻快的音乐；一切准备就绪，你的爱车已经停在门口等待你的乘驶；当你还流连于清晨的梦境时，温柔的智能机器人提醒你已经到达上班地点。

这不是科幻片中的场景，而是 20 年后某一天的现实。但是，在这幸福生活的背后，是不是存在像斯蒂芬·霍金、比尔·盖茨等人发出的“恶的昭示”呢？人工智能的发展，真的会导致人类的“终结”吗？这种恶的想象，是必然的吗？如果说，这样的疑问终有一天会变成现实的话，我们也不应该焦虑于机器人带来的恶果，那背后，也一定是人的作为。事实证明，人类在科技发展后，心中会潜藏着“恶”的恐惧，人类担心，未来某天机器人或许会反抗它们的人类造物主，以致用它们超越人类的能力将人类赶尽杀绝。

正如人工智能专家宋云飞所言：“这种恶不是机器的恶，是背后操纵之人的恶，即背后利益集团的恶，它只是通过人工智能这个工具去自

动抓取。”例如，人们经常会接到一些骚扰电话，它就是通过一种家装类的人工智能系统完成的，从某些房地产公司的网站上窃取你的个人信息，这是信息层。如果到了物联网层，它可以通过远程去攻击，比如通过远程控制的方式把别人家的门锁打开，根本不用撬锁就可以大大方方地走进房间偷东西。机器和工具是中性的，被谁使用，它就会像谁。它们就像一个魔法棒，如果被好人利用，它们就能造福于别人，反之，它们就只造福于恶人。而这种善与恶的判断也让人们对人工智能的发展心存芥蒂。

正如电影《终结者》一样，“天网”对于人类要终结自己的命运感到深深的不安，它本身是一种超级武器，对人类给它灌输和下达的要消灭一切威胁的指令会义不容辞地坚决执行。当“天网”使人类感到害怕，人类打算要永远关闭它时，它就开始发动启示录战争要毁灭人类。而在电影《复仇者联盟 2：奥创纪元》（*Avengers: Age of Ultron*）中，人工智能奥创却在执行着人类“杀戮”的指令，忠实地履行着创造者维护和平的意愿。因为在它看来，这不是什么恶行，而是制止恶行的必要手段。

我们通过电影表达了人类发自内心的一些想法，善和恶都来自人类自身，人工智能永远是执行者和被动接受者。我们也可以换位思考，当一个人工智能之物感到威胁时，它也会奋起反抗。这里的善恶就很难有衡量标准，就像奥创一样。有时候，杀戮也是善行。

说到底，是人本身的“贪嗔痴”让人工智能拥有了邪恶。这就如电影《超能查派》（*Chappie*）里展现的一样：具有自我思维的机器人查派，刚被植入程序的时候就像一个新生儿，它的成长与改变无不源于环境对人工智能的影响。而在这个环境中起最大作用的正是人类。结果出问题的不是人工智能查派或警用机器人，是人类文森特。是文森特将恶念植入到了这些警用机器人心里，因此它们就会按照指令去干一些恶事。

人工智能充其量只是一种工具和手段。如果有一天，人类真会被人工智能“终结”，那么，真正的罪魁祸首必将是人类自己的自私、贪婪与邪恶。

人工智能专家杨静认为，从人类历史发展的历程来看，从来没有因为伦理和善恶的问题阻挡过任何一项技术的普遍应用。“最开始的时候，有人学会了种庄稼，但并没有出现一部分人学会了种庄稼，然后另一部分人就饿死的情况；相反，不会种庄稼的这部分人最终都学会了种庄稼，最后人类都进入了农业社会。”其实，人类很多行为本身就徘徊在善与恶的边缘。很久以前，澳洲的原始森林被人类用火烧毁以至完全消失，林田变成了农田为人类所用。那么用农田代替森林对大自然来说是好还是坏？我们很难从道德上去评判，但是谁也阻挡不了这个进程。

对智能的互联网来说也是同样道理，谁也阻挡不了互联网变成“统治”力量。同样，人们对人工智能善恶的讨论是有必要的，但是却无法阻挡这项技术的发展，有朝一日，这项先进的技术也会占据主导地位。

人工智能之初，性本善还是性本恶?

我们回到了中国一个古老的哲学问题上来：是“人之初，性

本善”，还是“人之初，性本恶”？其实道理很简单，人性就像硬币的两面，有善就有恶。佛教也认为，一切有情众生皆具佛性，一切也同时具有恶性。那为什么我们会有伦理道德和法律来推动人们向善呢？这个问题或许还将会在人工智能领域继续延续，因为人工智能是善是恶，仍然取决于人类。同样，人工智能最终是“融入”人类还是“叛变”人类，也取决于人类自身。如果只是简单地说人工智能能够给人类造成威胁，那还不如说是人类给自己造成了威胁。我们观察和考量人类历史的发展轨迹就会得出结论：文明永远和邪恶相伴而行，但最终，文明的力量会战胜邪恶。如果我们有了这个信心，那么就不会因为人工智能可能会产生恶这一念头感到恐惧。

“善恶不是绝对标准，科技水平的高低决定了一个国家的竞争力。”杨静认为，人类在人工智能发展的历史关头，更需要宗教信仰的支撑。其实，人比机器更需要这种支撑，而且机器会经历一个从无意识到有意识的过程。比如，佛教对一些人很重要，因为佛教能帮助这些信众看透世界的真相，把人类的角色重新界定清楚，帮助他们从对本我的认识上升到对无我的认识，看重精神上的传承，而不是只看重外在的形体或长相。杨静说：“《大藏经》由人传给机器，那么机器也就修佛了，而不是去关注载体是人还是机器，这不都一样吗？”

人性之恶是本来存在的，它潜伏在人们的思想世界里，被掩藏、被遮盖，当不受外界刺激的状况下，这些恶是不会表现出来的。那么，在科技发达的今天，心理学研究的进步以及大数据平台的发展，人类可不可以通过微表情的分析，对人的心理进行初步“揣测”？当然，现在看来，这还只是一个科学上的假设，但是这一假设应该通过对脑波的控制或者是有条件的介入，改变其属性，也就是导恶为善。

当脑波交互控制得到了发展，思维交流成为一种主流方式时，人们对人工智能的恐惧心理无疑会大大降低，因为它就像是给人工智能加了一份“双保险”。恶的心念在脑波交互、思维交流过程中会表露无疑。即便开发者初始植入的心智模块在人工智能发展过程中滋生出了不利于人类生存与发展的心念，也会在人机脑波交互过程中于第一时间被发现，从而得到有效的控制。换言之，也就是说“恶”的想法还没来得及付诸行动，就已经被人们知晓而扼杀在萌芽期了。当然，从现阶段来看，这还只是科幻小说中的情节。

那么，脑波交互能否能摆脱“人工智能终结说”呢？在理论上，人与人之间的脑波交互可以有效地遏制并排除人心中的“恶念”。同样我们可以得出结论：人类可以通过人工智能的手段，去提前预设以达到排除恶念的可能。

当然，人类生活在自己制造的“科技进步恐慌中”，也是有理由的，因为，科技的进步往往会带来大规模的杀戮，比如核能的出现首先在武器上得到了验证。科学界乃至整个人类社会对“终结”一说表现出了人类的焦虑，也是正常的反应，人类的目的是为了全人类制造文明而不是邪恶，所以，控制人工智能的发展也有其必要性。

“行有不得，反求诸己。”人工智能何去何从，完全取决于人类自身。这句话背后深刻的含义非常明了：人工智能善恶的决定权在人类本身。任何一个工具都具有双向性，被好人利用了，它就可能会造福于别人；被坏人利用了，它就造福于自己。

人类或许因为感觉自己将要被机器取代而心生惶恐，从而表现出了对人工智能快速发展的担忧。对此，人工智能专家宋云飞表现出了平和的心态：

生物体的沉淀是非常慢的，而机器的沉淀非常快，因为人类的沉淀也好，生物体的沉淀也好，都是个体沉淀，而机器是无我状态，它可以在任何角落、在任何一个小的局域网内沉淀。所以，它发展得非常快，可以说是呈指数级增长。但并不是说人类会因此失去智慧，失去对机器的认识和把握。人类可以站得更高、看得更远。但利用机器智能的人一定要心存善念，被心存善念之人利用的机器才会为人类解决问题或提供帮助、造福人类。

从这个角度看，“人工智能终结人类”一说给人们带来的紧张情绪或许可以得到较大程度的缓解。这犹如无源之水、无根之木，最根本的基础已经被控制。人工智能既不是魔鬼也不是天使，如果真有终结人类者，也只有人类自己！

XIAN'ER ROBOT

结语

寻找人工智能的道德边界

一块生铁或者是青铜抑或是其他什么金属，没有什么知觉、冷冰冰的，也不会开口说话，所以当一个大师级的工匠决定要把这块金属变成一把宝刀或者是一把砍柴刀时，金属本身并没有选择的权利，不可能去命令工匠“必须把我铸造成一把莫邪宝剑”。

生活在两千多年前的庄子的确有这种超乎常人的想象力，他在《庄子·大宗师》中记录：“今大冶铸金，金踊跃曰：‘我且必为莫邪！’大冶必以为不祥之金。”

这个故事表达的就是人们对智能工具的恐惧感，这也能够看出古人是如何理解人工智能的。或许给莫邪宝剑装上高智能硅芯片，它就可以开口说话甚至发号施令。也许将来有一天，机器人真的会“发自内芯”地疾呼：“我叫罗伯特！必须把我铸造成超人！”当拥有超人智慧并有金刚不坏之身的“罗伯特”出现时，人类会感到安全吗？

贤二机器僧也在思考这样一个问题：人工智能的道德边界究竟在哪里？

突破人类大脑的局限也就是摆脱人类程序员的预先设定，是人工智能的终极目的，也是人工智能研究者们日思夜想要做的事情。当科学家已经发明了有思考能力的机器时，时代会不会翻开另一页？

就拿“百度大脑”来说，它已经拥有了200亿个参数，成为世界上最大的深度神经网络，具备了一个三岁孩子的智商。但是，这个智商是就它的思维能力而言的，如果说计算能力，它的智商已经超过了人类。根据摩尔定律，“百度大脑”如果再发展10年、20年的话，它的智商会大大提高，甚至会比人脑还聪明。

这一切似乎警示着：人工智能已突破了人类大脑的局限，而接下来的挑战却是另人毛骨悚然的噩梦。2015年7月有报道称，在德国大众汽车制造厂发生了“机器人杀人”事件。一个正在被调制和安装的机器人，突然出手击中一个21岁工人的胸部，并将其碾压在金属板上。而电影《终结者：创世纪》的上映也对人们的心理恐慌起到了推波助澜的作用，让人们对人工智能会成为“杀手”表现出了极大的担忧。业内人士开始呼吁，必须取缔“机器人杀手”的研发和应用，向人工智能方向发展的军备竞赛更是人类的灾难，它将助长战争和恐怖主义，加剧世界动荡局势。

人工智能的发展真的已经到了威胁人类生存的阶段了吗？机器人真的进化到会“杀人”的阶段了吗？未来人类将如何应对与约束人工智能？

人工智能领域的研究者面临着重要的伦理和法律决策，必须要决定他们是支持还是反对致命性自主武器系统（LAWS）等的研发和应用。但是，国际人道法律对于此类技术没有任何具体规定，现在也还不清楚国际社会是否会支持一个限制或禁止智能武器系统的条约。就目前的现实来看，全球主要国家还没有就人工智能武器展开有效的讨论，也没有拿出行之有效的解决办法，更没有就如何规避人工智能可能带来的战争灾难发出一致的声音。现实的说法是，每一个国家都在备战可能发生的互联网战争。

在人工智能基础上研发的致命性自主武器系统若被冠以正义或者其他名义去杀人，也就意味着它可以侵犯人类的尊严。现在许多科学家都在为人工智能的终点找出路，从道德层面去给其设定范围。但是，国家利益高于一切，当一个国家要用人工智能来保卫自己的时候，什么道德都是不可靠的。

尼克·波斯特洛姆提出，人类智能水平创造出的人工智能将很快被一个全能的超级智能存在所替代，这可能给人类带来灾难性的后果。他认为，人类的首要任务是解决怎么向超级智能渗透道德感。然而，他同时也认为这项任务很困难。

英国利物浦大学计算机科学家迈克尔·费雪（Michael Fisher）认为，设定伦理机制对机器人的未来发展将产生重要影响，而规则约束系统会让大众安心。“如果人们不确定机器人会做什么，就会害怕机器人，”费雪说，“但如果人们能分析和证明它们的行为原因，人们就可能克服这种信任问题，达到控制机器人的目的。”在一个政府资助项目中，费雪与英国布里斯托机器人实验室机器人专家艾伦·温菲尔德（Alan Winfield）等人合作，以证实伦理机器项目的产出。

为了能够建立起一个有效的“堤坝”，在美国国防部的支持下，佐治亚理工学院机器人伦理软件学家罗纳德·阿金（Ronald Arkin）正在设计一个程序，以确保军事机器人能按照国际战争条约执行任务。一套名为“伦理管理”的算法将评估射击导弹等任务是否可行，如果允许机器人行动，答案会是肯定的。

但一个现实是，美、日、韩、英等国在2015年大幅增加了军事机器人的研发经费。有专家称，20年内“自动杀人机器”技术将可能被广泛应用。对此，不少人感到忧虑：对于这些军事机器，人类真的能完全掌控它们吗？阿金认为，这些机器在一些情况下能做得比人类士兵更好，前提是它们要被提前编程并且不会打破战争规则。

“越来越多的人赞同，没有人类监督的机器人杀人是不可接受的。”国际机器人武器控制委员会成员、斯坦福大学网络与社会研究中心的皮特·阿萨罗（Peter Asaro）这样表示。加拿大温莎大学哲学家马塞洛·瓜里尼（Marcello Guarini）说：“人们需要取得人工智能在伦理方面的成功。”

机器人要进行伦理决策需要哪些智能、程度如何，又如何将这些转化成机器指令？美国和英国的研究人员在政府的支持下，开始处理人工智能在伦理上的一些难题。一个有规范、有道德和有法律约束的人工智能世界必定会出现，因为从内心来讲，任何人都不希望出自人类之手的人工智能会亲手毁掉这个世界。

其实，科学家乃至研发企业一直都在期待人工智能能有更大的发展。从功能角度来说，人类发展人工智能，其实是想让机器能代替人类、将人类从枯燥单调的工作中解放出来。但人工智能的发展最终是否会出现类似电影《终结者》中的可怕情形，这是谁也无法预料的。

那么如何利用道德或者法律给人工智能筑一道墙，让它不能产生犯罪或者是别人利用它去作乱？人工智能专家杨静认为：用人类现有规范去约束人工智能，让这种技术向善。

杨静说的“向善”，是要按照原来的法律制度去约束机器背后的人，因为计算机是没有自我意识的。比如，如果贤二机器僧做了恶，我们不可能给它判刑，我们要追究的是谁设计的这个计算机，要惩罚机器人背后的人，因为是这个人设计并利用人工智能机器人去做乱。假如美国无人机炸死了无辜百姓，如果说这种战争行为是犯罪行为，那么应该受到处罚的不应该是无人机，而是背后的美国政府或者是制造无人机的军火公司。

建立必要的全球性法律保障体系是人工智能发展的必要一环。智能机器的社会道德建设已成为人工智能最艰巨的挑战。中国人工智能问题研究专家谭铁牛表示："虽然人工智能的发展现在还远不足以威胁人类生存，但要高度重视其社会影响。要建立相关的政策和法律法规体系，避免可能出现的风险，确保人工智能发挥正面效应，确保人工智能不被滥用，确保人工智能是天使而不是魔鬼。"

尼克·波斯特洛姆呼吁人们思考如何向人工智能灌输伦理道德的问题。在他看来，超级智能很快就会解决所有的传统哲学问题，他要运用超级智能来寻找一个更加终极的道德规范。

在人工智能系统中对计算机赋予道德是一项值得挑战的研究，但是按照波斯特洛姆的想法，在人工智能的运行语言中，伦理的定义必须重新起底。他相信这个标准作为道德的最低标准来说已经足够。如果人工智能坚持遵守这个标准，它就不会消灭人类，而人类也不会奴役它们。

当然，即使是这样，人们仍会提出异议，认为人工智能的危险性太大，人们应该将危险扼杀在摇篮里，不冒险制造存在任何靠近人类智能潜能的计算机。就如同科幻电影，人类创造人工智能的初衷并不是为了作恶，后来的结果是他们当初预想不到的。因此，我们必须对这种高科技保持谨慎的态度。

埃隆·马斯克曾说：

我不确定人工智能应该用于何处，它的最大价值在哪里。但

是它的确可能会带来一些可怕的后果，人们应该努力规避这种负面的东西，确保它朝好的方向发展。总之，我希望能确保这种科技被用来为人类服务，而不是为非作歹。

作为同样关注人工智能发展的业内专家，宋云飞对如何规避人工智能之恶表达了个人观点：

如何规避人工智能之恶的问题并不是规则问题，而是多少人来执行和遵守哪一个规则。制订规则很简单，执行才是主要的。所以，关于给人工智能套上“笼头”这件事，我认为核心不是规矩，而是多少人来执行和遵从这个规矩。我认为在中国，佛教是对人的道德和行为举止进行规范的很好的规则。重要的不是制订这个规则，因为这个规则早已存在，而是弘扬这个规则，让这个规则从一开始就和人工智能相关联，因为人工智能很重要的一部分是文化。人工智能不只是技术，也不是简单的知识，它是有文化的，而文化里包含了“智”和“慧”。作为指导人工智能发展的规范——佛教，谈得上是非常不错的指导规范。

湖南省社会科学院哲学研究所的史南飞在其论文《对人工智能的道德忧思》中也谈到了未来的不确定性：

从道德忧思的角度看，更多地考虑超越人类智慧的智能机出现的可能性，也有利于人们研究有可能出现的各种问题、揭示各种潜在的危险，以便前瞻性地预防和减少各种危害的发生。更多地考虑危害发生的可能也是为了更好地消灭危害。所谓“不怕一万，只怕万一”，就是说对恶性突发事件的可能性给予更多的关注。

从道德层面来讲，一切都是一种“让人类种下善因”的教化，或者要在人工智能领域树立起正知正见的信仰。但是，不要忘了，这个世界还有一个可怕的东西，那就是利益。当一个事物能够成为利益工具的时候，道德的力量微乎其微。这也就是为什么人类会发明核武器、生化武器乃至信息武器的原因所在。而这些武器的使用，人们又都是以道德为出发点，也就是用它来维护道德的尊严，这是一种道德绑架行为。当然，我们又回到了善恶问题的原点，也就是武器和人工智能不存在善恶问题，因为它们是人类的工具，只有人心中存在善和恶的分界。从源头上解决了人的道德问题，人工智能才会在良性的轨道上运行。

从另外一个方面说，立法才是解决问题的究竟根本。在法律的框架下规定应该做什么、不应该做什么、做了就会带来什么样的后果，这才是解决问题的道。

对于贤二机器僧来说，“边界”在哪里是人工智能发展过程中迫切需要解决的问题。人工智能的发展要避免步入互联网发展的老路——互联网技术能被各种人利用，这些人或好或坏、或正义或邪恶。正如一位研究者所说，人工智能的善恶都在于人这个制造本体，本体是善还是恶，决定了人工智能这个工具的走向。

“边界”在哪里？这需要人类共同思考、面对、解决。

第一代贤二机器僧已经传递了它所要传递的信息。当然，这个声音可能还很微弱，但是第二代、第三代、第四代等就可能会帮助我们作出更有价值、更有利于我们生活的思考和判断。

总是会有真正的探索者、实践者，前赴后继。

靠数据和技术存在的机器僧，靠六根六识六尘存在的血肉僧，从缘起的角度上讲，是组合存在的一种现象，是空性的。缘起性空，空不是不存在，

而是不实在；是无常的，是不断变化的。

因为无常、变化，所以是空性的，可以改变，也可以变得更好。当然，做不好，就可能变得更坏。我们的物质世界和精神世界也是这样，可以发生改变。而改变的方向取决于我们对世界的认识角度，是爱还是仇恨，是慈悲还是贪婪，是原谅还是耿耿于怀，是放下还是执取，是用于戏说还是用于成就世间和出世间的一切善法。

佛陀在开示宇宙人生的真相时，用了两个体系，一个是“了义”，一个是“不了义”，原因在于我们对世界认知的能力不同。不了义就是讲缘起，而了义告诉我们，缘起也是假相，真相是相对存在的幻相。

所谓“知幻即离，离幻即觉”。《圆觉经》中说：“妄认四大为自身相，六尘缘影为自心相。”《楞严经》中用指月的比喻，告诉我们要通过语言和文字来看到意识的本体，而不是执着于语言和文字。通过对本体的觉悟，来达到解脱生死的目的。

贤二机器僧也如佛教经典中描述的标月之指一样，是一个指向如如不动的本体的手指头。特别是虚拟的贤二机器僧，随着承载数据的增加，从理论上讲，佛法和科学的知识量是无限的，它可以回答很多问题，三藏十二部经典等数据对它来说也只是很小一部分数据而已，不会占用太大的空间。但是，尽管这样，数据依然是数据，不是本体，还是标月之指。

愿众生都能从佛、法、僧的指导中获得生命终极的觉悟。

在这里，要感谢我的恩师上学下诚大和尚。师父自 1983 年出家之后，就立下了普度众生、弘扬佛法的宏愿，并且为了实现这一目标，不断践行着佛学教义。师父为了弘扬佛法，使龙泉寺这个本已衰败的寺庙重新恢复了生机，成了一个殊胜的道场。通过十几年的努力，使这个道场成了教化

众生、利益众生、接引众生、慈悲众生的平台，让成千上万的信众受到了佛陀正法的开示，从而走上一条慈悲、智慧之路。师父通过十几年的努力，已经让龙泉寺变成了一个现代化的道场：不仅拥有全新的互联网弘法思维和平台，甚至开始研究人工智能，并且为我所用，研发出贤二机器僧，使之成为寺庙弘法的重要工具和手段。感恩师父有这样的战略眼光，让龙泉寺这个号称全球最牛的“极客”寺院能够在新经济背景下，在人工智能等技术手段的支持下，在“互联网 +”的战略体系中，使“贤二”这一龙泉寺的品牌，能够更加无边界地弘法利生。

前几天，读到师父的一篇开示，讲的是“心文化”将要成为下一个人类文明复兴的核心。

师父说，佛教将人心作为万法之源：“心如工画师，能画诸世间。五蕴悉从生，无法而不造。”（《华严经》卷第十九）深广的心性包含无穷的智慧和能量，它既是人类所有生命活动的起点和源头，也是一切行为的归宿和目的。六祖惠能大师开悟后说：“何期自性，本自清净；何期自性，本不生灭；何期自性，本自具足；何期自性，本无动摇；何期自性，能生万法。”如果现代人能重新体悟到心灵的圆满自足和无限开放，就能战胜生命匮乏的恐惧，超越向外依赖的软弱和盲目执取的迷乱，重新感受到作为人的本质意义与内在尊严。

现在，师父用十几种语言在网络上传播佛法，而龙泉寺也走出了国门，在欧洲和非洲等地区建立了分寺。并且，通过互联网和移动终端，编织了一个无边无际的弘扬佛法的大网，让更多人能听到佛法，能体悟佛法的殊胜。

感恩贤书法师、贤帆法师以及参与贤二机器僧开发的法师们。他们为龙泉寺人工智能项目的实施和贤二机器僧的“出家”做了很多工作：一次又一次地和人工智能专家们进行沟通，对实体贤二机器僧具有的形象和内

在智能属性，都亲自做了开示和指导，为龙泉寺人工智能项目的顺利发展奠定了坚实基础。法师们还为虚拟贤二机器僧做了许多工作，让这个刚“出家”不久的“新僧人”具有了更高的智慧。

毕业于中央美术学院的贤帆法师，不仅给本书题写了书名，还拿起他的画笔，为本书画了几组贤二机器僧的漫画。当人们翻阅这本书时，一个活灵活现的贤二小和尚就会映入眼帘。感恩贤帆法师为这本书所做的工作和付出。

感谢新智元这家人工智能领域的垂直媒体平台，它在创始人杨静女士的带领下，为贤二机器僧的问世以及我国人工智能技术的发展作出了自己的贡献。

感谢那些为了贤二机器僧能够顺利出世而付出努力的企业家、研究者们。没有他们的无私付出、共同研究，并积极提供技术支持，到最终的制造生产，就不会有贤二机器僧。

感谢湛庐文化的大力推进，没有他们发心要出这样一本关于贤二机器僧的书，也不会有今天这样的结果。

跋

贤二机器僧，让人工智能和机器人跨越新边界

刘 宏
中国人工智能学会副理事长

北京龙泉寺研发了一个名叫贤二的机器人小和尚，这件事在人工智能界引发了一些争论。听说不少机器人公司和人工智能专家都参与了贤二机器僧的研发，为了这个公益目标，他们发挥了自己的特长，使得贤二机器僧能够博采众长、快速成长……但从学术的严谨性和产业的落地来看，贤二机器僧目前还只有一个手板，公众对其功能的期待还有些高。或许只是因为这个小机器人披上了袈裟，才引起了大众的广泛关注。

人工智能和机器人的核心技术，过去往往被看作是阳春白雪，在学术圈和产业圈有一定的影响，但还算不上是家喻户晓。这两年，机器人出现在春晚舞台跳舞、谷歌 AlphaGO 与李世石的世纪对弈等国内外重大活动，让人工智能与机器人逐渐走下神坛。今天，龙泉寺与贤二机器僧的组合，似

乎又在体现人工智能技术和机器人的宗教影响力。

从第一代贤二机器僧的研发过程与参与团队看，这个机器僧具备了人机对话的基本功能，二代机器僧则将引入视觉识别等更多功能。从龙泉寺对贤二机器僧的期待分析，未来的贤二机器僧将分为三个主要部分：

1. 云端机器僧大脑：将由具有强大计算能力、存储能力的计算机集群构成，作为海量佛经数据的存储中心、深度学习中心和人机对话大数据云处理中心。
2. 手机贤二机器僧：类似微软的"小冰"，人们可以通过微信公众号与贤二机器僧对话，和它聊佛理、谈佛学。
3. 终端贤二机器僧：现在的实体机器僧可以实现简单的人机交互与模式识别功能，也能在适当的环境下与云端机器僧大脑同步，这样就具备了云端贤二的智慧。

当然，从技术实现的可能性来看，具有上述功能的贤二机器僧在研发上还有一定难度，因为宗教机器人的研发即便在世界范围内也是一种大胆的探索和尝试。

本书的主题是"边界"，讲述了贤二机器僧的问世过程，是机器人技术走向新领域、走向普罗大众的一个新尝试。贤二机器僧的研发过程中，不仅探索了机器人科技的实践边界，研发人员也在积极探索人工智能的道德边界与信仰边界。

今天的贤二机器僧从功能上看似乎还很简单，从智能上看还很弱小。但随着人工智能与机器人技术的突飞猛进，随着龙泉寺影响力的日益扩大以及智能产业的升级换代，我们可以期待，龙泉寺和人工智能领域的联手创新将为大家带来全新体验。

最后，让我们一起期待贤二机器僧的研发与应用能不断跨越新边界！

附录

2016 年 3 月 12 日，新华社记者就谷歌 AlphaGo 与韩国围棋名将李世石的围棋挑战赛之“人机大战”向中国佛教协会会长学诚法师进行了采访。采访中，学诚法师就科技进步等问题进行了开示。

学诚法师的回答让我们想起他早年在《法音》杂志上发表的一篇文章《一个佛教徒的科学观》，这篇具有预见性的文章充分说明了学诚法师对当下科技进步的理解。

现在，我们将这篇文章收录在本书中，以飨读者。

一个佛教徒的科学观

学诚法师
中国佛教协会会长
北京龙泉寺、莆田广化寺、扶风法门寺方丈

300 多年来，科学的发展取得了举世瞩目的成就，其成果被用来改造自然界，并极大地促进了人类物质生活的改善。对世界上大多数人来说，并不一定真正懂得科学是什么，由于科学所带来的实实在在的利益，使人们对之产生越来越坚固的信赖，这种信赖也反过来加速了科学的发展。但另

外一方面，人们也为此付出了代价。比如人类赖以生存的自然环境，因为自然资源的过度开采以及废弃物的过度排放而遭到破坏；由不同人群组成的社会环境，因为资源的争夺和占有而相互仇恨甚至发生战争；乃至于同一个人群中间，因过于看重物质利益上的得失，而发生不和与争执。除此之外还有，人们因为享用现代物质成果而引发的种种疾病，以及现代生活方式给人们带来的精神上的压力。这些状况都让物质利益短暂满足所带来的幸福大打折扣。

幸福感与科技进步

那么，人类如何才能得到真正的幸福呢？科技的发展增强了人类驾驭自然、改造自然的能力，但这样的努力最终能实现人类的幸福吗？爱因斯坦曾有过这样的忠告："单靠知识和技巧，不能使人类过上幸福和高尚的生活。人类有充分的理由，把那些崇高的道德标准和道德价值的传播者，置于客观真理的发现之上。对我来说，人类应该感谢释迦牟尼佛和耶稣那样的人物，远比应该感谢所有创造性的好奇的头脑的成就要多得多。"在爱因斯坦看来，仅仅靠科学技术还不足以让人类过上幸福的生活，人类还要建立自身的道德标准和道德价值，并以此过一种有道德的生活。曾接受过西方高水平科学教育的马蒂厄·里卡尔（Matthieu Ricard）后来皈依佛教，完全投身到佛教的实践中。他认为："外部世界的改造有其极限，而这些外部改造对于我们的内部幸福所起的作用也有其极限。外部条件、物质条件的好转或损坏，固然大大地影响我们的幸福，但是最终，我们不是机器，幸福或者不幸的是精神。"(《和尚与哲学家》,江苏人民出版社,2005年:123页)既然如此，对精神世界的改造就变成了他生命的主要方向。

在这方面，佛教的创始人释迦牟尼佛作出了表率。他出身于印度的王公贵族，是一位文武双全的太子，拥有世间人所希求的一切美好禀赋：崇高的地位、强大的权力、耀眼的名誉以及美丽的妻子。然而释迦牟尼却认为这一切都是无常，很快都会失去，自己最终也会像一个普通人一样可怜地死去。别人也一样，都难以逃脱老、病、死等痛苦。想到这些，释迦牟尼便选择放弃王位、离开家人，过着清淡简朴的修行生活，最终证悟了宇宙人生的真相，获得了精神上的彻底解放。在此后40多年的生命里，他一直在为众生分享着他证道的喜悦，并竭尽全力地帮助一切人得到这种喜悦。

佛教认为人类的痛苦源自内在的无明，其主要目的是要消除这种痛苦的根源，而不是在外在境界上做过多的努力，否则非常容易在忙碌中迷失方向，最后变得越来越迷茫，越来越痛苦。

《大智度论》说："问曰：佛自说佛法，不说余经，若药方、星宿、算经、世典，如是等法，若是一切智人，何以不说？以是故，知非一切智人。答曰：虽知一切法，用故说，不用故不说。有人问故说，不问故不说。"（卷第二）"于十四难（一、世界及我为常耶？二、世界及我为无常耶？三、世界及我为亦有常亦无常耶？四、世界及我为非有常非无常耶？五、世界及我为有边耶？六、世界及我为无边耶？七、世界及我为亦有边亦无边耶？八、世界及我为非有边非无边耶？九、死后有神去耶？十、死后无神去耶？十一、死后亦有神去亦无神去耶？十二、死后亦非有神去亦非无神去耶？十三、后世是身是神耶？十四、身异神异耶？）不答法中，有常、无常等，观察无碍，不失中道，是法能忍，是为法忍。如一比丘，于此十四难思惟观察，不能通达，心不能忍，持衣钵至佛所，白佛言：'佛能为我解此十四难，使我意了者，当作弟子。若不能解我，当更求余道。'佛告：'痴人！汝本共我要誓：若答十四难，汝作我弟子耶？'比丘言：'不也。'佛言：'汝痴人！今何以言：若不答我，不作弟子。我为老、病、死人说法济度，此十四难是斗诤法，于法无益，但是戏论，何用问为？若为汝答，汝心不了，至死

不解，不能得脱生老病死。譬如有人身被毒箭，亲属呼医，欲为出箭涂药。便言：未可出箭，我先当知汝姓字、亲里、父母、年岁，次欲知箭出在何山、何木、何羽，作箭镞者为是何人、是何等铁，复欲知弓何山木、何虫角，复欲知药是何处生、是何种名，如是等事尽了了知之，然后听汝出箭涂药。'佛问比丘：'此人可得知此众事然后出箭不？'比丘言：'不可得知。若待尽知，此则已死。'佛言：'汝亦如是！为邪见箭，爱毒涂已入汝心。欲拔此箭作我弟子，而不欲出箭，方欲求尽世间常、无常、边、无边等，求之未得，则失慧命，与畜生同死，自投黑暗。'比丘惭愧，深识佛语，即得阿罗汉道。"（卷第十五）

但作为发了大心的菩萨，为了能够利益众生，需要精通五明——内明、因明、声明、医方明、工巧明，作为接引众生的方便，其中医方明、工巧明都属于现代的自然科学与技术。

《瑜伽师地论》说："菩萨何故求闻正法？谓诸菩萨求内明（五乘因果妙理学）时，为正修行法随法行，为广开示利悟于他；若诸菩萨求因明（逻辑论理学）时……为欲于此真实圣教未净信者，令其净信，已净信者，倍令增广；若诸菩萨求声明（语言、文典学）时，为令信乐典语众生于菩萨身深生敬信，为欲悟入诂训、言音、文句差别于一义中，种种品类殊音随说；若诸菩萨求医明（医学、药学，又称医方明）时，为息众生种种疾病，为欲饶益一切大众；若诸菩萨求诸世间工业智处（工艺、技术、算历学，又称工巧明），为少功力多集珍财，为欲利益诸众生故，为发众生甚希奇想，为以巧智平等分布饶益摄受无量众生。菩萨求此一切五明，为令无上正等菩提大智资粮速得圆满，非不于此一切明处次第修学能得无障一切智智。如是已说一切菩萨正所应求。"（卷第三十八）

佛教的本质是智慧和慈悲

佛教重视内在智慧潜修以及慈悲心显发的特质，对于当今时代科学朝着健康方向发展能发挥重要作用。法国当代思想大师、法兰西院士让－弗朗索瓦·勒维尔（Jean-Francois Revel）认为："西方在科学方面胜利了，但它没有值得称赞的智慧和道德。"(《和尚与哲学家》,江苏人民出版社,2005年：264页）

自从公元前5世纪的苏格拉底到公元17世纪的笛卡儿和斯宾诺莎，西方哲学一直都具有科学与智慧的双重属性。之后的三个世纪之中，哲学的科学功能被移到科学领域，而其智慧功能则转到政治领域。人们寄希望于通过革命建立公正的新社会，以实现对善、正义和幸福的追求。然而这种乌托邦理想的失败和道德失信被认为是西方文明在非科学领域的失败。这种失败使人们的精神生活面对虚无主义的困境不知所措，而西方基督教信仰并不能弥补这种缺憾。

太虚大师在《中国需耶教与欧美需佛教》一文中提到基督教和科学对西方人的影响时说："欧美人生活是科学的，信仰是非科学的，……于是就成了一种破裂的不一致的人生。因此，在宗教信仰上，必须丢掉理智；到现实生活上，又必须丢掉信仰；这是欧美现时之苦闷。"著名科学史专家李约瑟（Joseph Needham）将西方传统中科学与宗教的矛盾称为"欧洲所特有的精神分裂症或分裂人格"。人们期望这种矛盾的状况因为佛教的引入而能有所改善。英国历史学家阿诺德·汤因比（Arnold Toynbee）认为："20世纪最有意义的事件之一也许就是佛教传到了西方。"而法国神经生物学家弗朗西斯科·瓦莱拉（Francisco Varela）更进一步地指出："我们认为，对于亚洲哲学，尤其是对于佛教传统的再发现，乃是西方文化中的第二次'文艺复兴'，它的冲击将会与在欧洲文艺复兴时对希腊思想的再发现同等重

要。”西方人苦闷于他们的宗教信仰和现实生活的矛盾，但他们大部分人还有一定的信仰，而对于许多东方人而言，信仰非常缺乏，即便是本土文化对于自身生活的价值，也有重新认识和发掘的必要。否则，面对着日益发展的科技和被刺激的日益增长的物质生活需求，人们的生活不是变得更加幸福，而是变得更加迷茫与失落。

在今天科学昌明的时代，人类对科学的崇尚甚于其他任何一个领域。在很多人看来，佛教能否被很好地接纳，取决于与科学的兼容性。在近代科学史上，连续发生了三次科技革命，大大提升了社会生产力。科学技术在推动社会进步中所表现出来的巨大威力，已经渗透到人类生活的方方面面，这让很多人产生这样一种信念：科学的研究方法是绝对可靠和非常有效的，而此研究方法也被强行应用到包括哲学、人文和社会科学在内的各种研究领域。这种做法容或会给其他领域的研究带来一些启发，但如果认为不这样做就是不科学、就不值得信赖的话，这种认识本身是不完全归纳形成的主观判断，无形中已经偏离了科学客观严谨的精神。

爱因斯坦曾经说过：“科学不能创造目的，更不用说把目的灌输给人们；科学至多只能为达到目的提供手段。但目的本身却是由那些具有崇高伦理理想的人构想出来的……由于这些理由，在涉及人类的问题时，我们就应当注意不要过高地估计科学和科学方法；我们也不应当认为只有专家才有权利对影响社会组织的问题发表意见。”（《爱因斯坦文集》，商务印书馆，1979年，第三卷：268页）

太虚大师对此也有过善意的提醒：“科学亦有一种执着牢固莫解，则执着此方法为求得真理之唯一方法，而不知法界实际尚非此种科学方法之可通达也。”（《佛学与科学——新时代的对话》，北京佛教文化研究所：7页）实际上，对事物的研究方法往往会因研究领域的不同而有所不同，企图用现代的科学方法来研究所有的领域，就好像企图用牛顿物理学来解释和解决一切物理问题一样，有以偏概全的盲目性。

佛教是要探究宇宙人生的真相

佛教是要彻底明了宇宙人生的真相，帮助一切众生离苦得乐，其研究的对象涵盖了精神世界和物质世界，并以精神世界的研究为主。精神世界不同于物质世界，它无形无色，无法用现代科学仪器明显探测，传统科学研究方法也就力有不足。佛教认为人类痛苦的根源在于内在的无明，当这种无明破除以后，痛苦就会自然消失，快乐就会自然生起。这样得来的快乐是一种永恒的快乐，并不特别强调依赖外在的条件。

《大般涅槃经》说："善男子！菩萨摩诃萨于净戒中虽不欲生无悔恨心，无悔恨心自然而生。善男子！譬如有人执持明镜，不期见面，面像自现；亦如农夫种之良田，不期生芽而芽自生；亦如然灯，不期灭暗而暗自灭。善男子！菩萨摩诃萨坚持净戒，无悔恨心自然而生亦复如是。……菩萨摩诃萨不作恶时名为欢喜，心净持戒名之为乐。"（卷第十七）《大智度论》说："是乐二种：内乐、涅槃乐。是乐不从五尘（色、声、香、味、触）生，譬如石泉水自中出，不从外来，心乐亦如是。"（卷第八）

因此为了究竟离苦得乐，佛教主要并不是要改造外界，而是要破除内在的无明。但这是一个漫长的过程，而且有其必然的方法与途径，这就是佛教里面常说的"闻、思、修"与"戒、定、慧"。

佛教与科学有着不同的使命，科学面对的永远是未知的领域，科学家永恒的责任和使命就是探索新的现象、发现新的规律；而在佛教里，佛陀已经证明了宇宙人生的真相，并将这些真相在佛经里做了详细的描述。

要想破除无明，第一步就是要学习和了解佛的这些认知，这就是“闻”。所谓“闻”，就不是随便看看而已，泛泛而观是看不出一个所以然来的。为什么？佛经描述的是佛的境界，也就是觉者的境界，凡夫很难领纳，所以要靠有教有证的善知识来诠释其中的内涵。这个阶段与科学知识的学习不同，对于科学知识的学习，世间也会有很多无师自通、自学成才的人，但对于佛法的学习，如果没有善知识的引导，成才的可能性几乎没有。自己找几本佛经，随便看看，就以为懂了，实际上可能连佛法的门还没有进入。通过听闻，领纳佛法真实的内涵以后，还要进一步思维所领纳的佛法道理，并在生活中观察。通过思维观察，内心对事实的真相生起确信不移的认识，这就是“思”。这个阶段与科学知识的学习有类似之处，都是要经过一个思辨的过程，所学的知识才能内化为自己的认知。到此还没有结束，还要根据已产生确信的认知进行“修”，也就是利用已内化的认知来改造内在的精神世界。

那么如何“修”，如何改造内在的精神世界呢？那就要依靠“戒、定、慧”。所谓“戒”，就是行为的规范，在生活中，该做的就去做，不该做的就不做。佛教认为，人的身、语行为是人内心世界的反映，反过来也会影响人的内心世界。符合规范的身、语行为可以让人的内心世界变得有规范，明了是非善恶；没有规范的身、语行为会让人的内心世界变得放荡不羁，杂念、妄念纷飞。有了扎实的戒的基础，就可以进一步修习禅定。所谓“定”，就是内心的专注，不受外界的干扰而专注于已发定解的认知上。在这种状态下，再去观察思择，就能产生很强的改造精神世界的力量和功效，从而开启心性的智慧，破除内在的无明，这就是“慧”。一旦智慧显发，一个人所体验的境界便是佛的境界，是觉者的境界。在这种状态下，所有的痛苦都消失了，能感受到的就是无尽的喜悦。这就像是一个生了大病的人，经过一番诊断、治疗，而被完全根治以后的感觉：病痛消失了，得到康复的喜悦，这就是内在精神世界改造的结果。而利用科学知识改造外在物质世界，只是使人的需要得到暂时的满足，生活变得更加舒适和便利。这样一个过程，就好像一个病人，通过各种方式让病痛舒缓，但实际上病根还在，因此所得到的舒适和快乐都是很短暂的。

《大智度论》说："五识（眼识、耳识、鼻识、舌识、身识）不能分别，不知名字相，眼识生如弹指顷，意识已生。以是故，五识相应乐根不能满足乐，意识相应乐根能满足乐。"（卷第八）

《瑜伽师地论》说："乐有两种：一、非圣财所生乐；二、圣财所生乐。非圣财所生乐者，谓四种资具为缘得生：一、适悦资具；二、滋长资具；三、清净资具；四、住持资具。适悦资具者，谓车乘、衣服、诸庄严具、歌笑舞乐、涂香花鬘、种种上妙珍玩乐具、光明照曜、男女侍卫、种种库藏。滋长资具者，谓无寻思轮石槌打、筑蹋、按摩等事（谓无推求寻思之心，以轮转石槌打、筑蹋其身，令身滋长。此是按摩之法）。清净资具者，谓吉祥草、频螺果、螺贝、满瓮（瓮盛满物，以赠行人）等事（表吉祥相）。住持资具者，谓饮及食。圣财所生乐者，谓七圣财为缘得生。何等为七？一、信；二、戒；三、惭；四、愧；五、闻；六、舍；七、慧……非圣财所生乐受用之时不可充足，圣财所生乐受用之时究竟充满。又非圣财所生乐有怖畏、有怨对、有灾横、有烧恼，不能断后世大苦；有怖畏者，谓惧当生苦所依处故；有怨对者，谓斗讼、违诤所依处故；有灾横者，谓老、病、死所依处故；有烧恼者，谓由此乐性不真实，如疥癞病（如患疥时闷极生乐，似乐实苦，妄生乐想，世乐亦然；癞为虫钻，妄生乐觉，富贵亦尔），虚妄颠倒所依处故，愁叹、忧苦种种热恼所依处故；不能断后世大苦者，谓贪、嗔等本、随二惑所依处故。圣财所生乐无怖畏、无怨对、无灾横、无烧恼，能断后世大苦，随其所应，与上相违，广说应知。"（卷第五）

佛教对精神世界的认识和改造也是实事求是、客观严谨的。德国著名的哲学家尼采说："佛教是历史上唯一真正实证的宗教。"佛教常讲"如人饮水，冷暖自知"，如果没有体会到特定的精神境界而说自己体会到了，在佛教里就属大妄语，是根本大戒。

尽管佛教主要关注的是内在精神世界的改善，但通过对禅定和智慧的熏习，一个人对外在物质世界也会有深刻的认知。对于这一点，越来越多的现代科学研究结果与佛法不谋而合。相对论和量子力学是现代物理学的两大支柱。相对论的研究表明，时间和空间都是相对的，它们与观察者的运动状态有关。当观察者的运动速度接近光速时，时间间隔将被延长，而物体在运动方向上的长度将收缩。佛教里讲，如果观察者处于深度禅定状态，那么在他的世界里时间和空间的概念就被突破了。

《华严经·普贤行愿品》说："我于一念见三世，所有一切人师子，亦常入佛境界中，如幻解脱及威力。于一毛端极微中，出现三世庄严刹，十方尘刹诸毛端，我皆深入而严净。"相对论的研究还表明：质量和能量之间可以相互转换，也就是说虚空中巨大无形的能量聚集会产生有形的物质。有了这样的观念，人们就比较容易理解为什么佛菩萨的难思神力能变现出种种资具，如《无量寿经》中所讲的："受用种种，一切丰足。宫殿、服饰、香花、幡盖，庄严之具，随意所需，悉皆如念。"量子力学在微观世界的研究更证明物质形成于空，变化坏灭，反复不已。这与佛教《心经》里所讲的"色不异空，空不异色"的道理有暗合之处。不过，在佛法中色、空之间的关系不仅仅停留在生灭的层次上，还有它更深的内涵。

科技进步只是在佐证佛陀说过的话

佛教对于世界的诸多深刻认知已被越来越多的科学事实所证明，但这未必能让现代科学的信奉者有足够的理由承许佛教的科学性，因为佛教大量的认知和观念毕竟不是通过现代科学研究的途径所获得的，很多无法用通常的科学实验来验证。作为一个科学工作者或爱好者，如果仅仅是因为这样的原因就否定通过别的途径发现的现象，这种态度恐怕未必符合科学客观严谨的基本精神。

汤因比说："从人的知觉感受到的素材（既知事项）的整个内容中进行随意抽取来客观地研究作为观察对象而选择的领域，科学在这一方面是成功的。但是这要限于如下的情况，即要把'客观性'这个词的含义确定为：'人们的意见得到交换时，必然是作为同一的东西反映在所有人的理智中的现象和思考。'但若把'客观性'定义为'存在自身的如实的正确反映'，那就是另一个问题了。"（《展望21世纪：汤因比与池田大作对话录》，国际文化出版公司，1999年）《大智度论》说："不见有二种，不可以不见故，便言无。一者、事实有，以因缘覆故不见，譬如人姓族初及雪山斤两、恒河边沙数，有而不可知。二者、实无，无故不见，譬如第二头、第三手，无因缘覆而不见。"（卷第二）

事实上，对于外界事物的认知方法而言，佛教与现代科学有其根本上的不同。这一点太虚大师在《佛法与科学——新时代的对话》中有明确的论述："科学之方法可为佛法之前驱及后施而不能成为佛法之中坚。……以佛法中坚，须我、法二执俱除，始谓之无分别智证入真如。如瞎子忽然眼光迸露，亲见象之全体，一切都豁然开朗，从前种种计度无不消失者然。科学家譬只知改良所藉用之机器，而不能从见之眼上根本改良。今根尘、身心等，皆是俱生无明之性，若不谋此根本改良，乃唯对境之是求、执一之

是足，将何往而非瞎子撞屋，颠仆难进也哉！”科学这种认知方法的局限性，使它所认知的真理总有一种相对性。历史上最伟大的科学家牛顿和爱因斯坦，都曾发出过既欣喜而又近于无奈的感叹。

牛顿在临终前对自己的一生曾做过这样的评价：“我不知道在别人看来，我是什么样的人；但在我自己看来，我不过就像是一个在海滨玩耍的小孩，为不时发现比寻常更为光滑的一块卵石或比寻常更为美丽的一片贝壳而沾沾自喜，而对于展现在我面前的浩瀚的真理的海洋，却全然没有发现。”

爱因斯坦则说：“我自己只求满足于生命永恒的奥秘，满足于觉察现存世界的神奇结构，窥见它的一鳞半爪，并且以诚挚的努力去领悟在自然界中显示出来的那个理性的一部分，倘若真能如此，即使只领悟其极小的一部分，我也就心满意足了。”（《爱因斯坦文集》，商务印书馆，1979年，第三卷：46页）对于其中的原因，爱因斯坦后来在《关于理论物理学基础的考查》一文中有相关的解释：“科学是这样一种企图，它要把我们杂乱无章的感觉经验同一种逻辑上贯彻一致的思想体系对应起来……感觉经验是既定的素材，但是要说明感觉经验的理论却是人造的。它是一个极其艰辛的适应过程的产物：假设性的，永远不会是完全最后定论的，始终要遭到质问和怀疑。”（《爱因斯坦文集》，商务印书馆，1979年，第一卷：384页）

这也就是说，单纯通过科学认知的途径永远不可能认识到绝对的真理。那么如何才能超越这种限制呢？爱因斯坦特别称赞了一类具有宇宙宗教感情的人，他认为这种宇宙宗教感情已经超越了恐惧宗教和道德宗教的范畴，具备这种宗教感情的人“感觉到自然界里和思维世界里显示出崇高庄严和不可思议的秩序”，并进而要求“把宇宙作为单一的有意义的整体来体验”。爱因斯坦认为具有这种宇宙宗教感情是“科学研究的最强有力、最高尚的动机”，而且“只有那些做了巨大努力，尤其是表现出热忱献身——要是没有这种热忱，就不能在理论科学的开辟性工作中取得成就——的人，才会理解这样一种感情的力量，唯有这种力量，才能作出那种确实是远离直接现实生活的工作。”这“远离直接现实生活的工作”实际上就是对常规认知的一种超越。在爱因斯坦看来，宇宙宗教感情的开端早已出现在早期的历史发展阶段中，而“佛教所包含的这种成分还要强烈得多”。(《爱因斯坦文集》，商务印书馆，1979年，第一卷：280页)

实际上，在佛教的世界观里并没有起主宰作用的拟人化的神或上帝的存在，一切人的行为和自然界的运动都遵循着因果法则。不仅如此，佛教还认为能认知的心与所认知的境只是认知这同一件事情的两个侧面而已，并不是截然分开的两件事情。这样就把思维世界与自然界、主体与客体当作了一个有机的整体来体验和认知。众所周知，自然科学的一个基础是相信有一个离开知觉主体而独立的外在世界，而对外在世界的认知，则是通过感官知觉间接地获得关于这个外在世界或“物理实在”的信息，然后通过思辨的方法来把握它。

事实上，对于物体运动接近光速的领域以及微观粒子领域的研究发现，其所描述的对象已经不再具有固定的属性，而是与观察者自身的状态有密切的关联，在这种状况下离开知觉主体而独立的外在世界并不存在。不同形式的生命状态看待相同对象所具有的不同属性以及所观察对象运动所满足规律的差异性，如天人看水是琉璃，饿鬼看水是脓血，这在佛教的领域里早已是被谈论的话题了。这种差异性更说明了宇宙的整体性和不可分割性，也就是说，如果离开了认知的主体，很难明确界定被认知的客体。这些都是佛教超越于现代一般科学认知之处。

一个真正具有科学精神的人，必定会以好奇而又欣喜的态度来看待佛教对宇宙人生不同寻常的认知。如果真能这样，科学发展的脚步将会更加

稳健。反过来，佛教徒的理智如果不被忽视或者不被情感所压倒，那么他对于科学所取得的进步也同样会抱以好奇与欣喜。只有这样，佛教的发展才不至于因循守旧，乃至于孤芳自赏，才能以理智的眼光观待现实的缘起，从而顺利地与社会民众接轨，充分发挥道德教化与思想境界提升的功用。明朝憨山大师说:“菩萨全以利生为事，若不透过世间种种法，则不能投机（投合机缘）利生。”（《憨山老人梦游集》，北京图书馆出版社，2005年:卷第四十六）

由上面的论述不难看出，现代科学兼顾物质和精神而特别侧重物质世界，佛教兼顾精神和物质而侧重精神世界。虽然研究领域各有侧重，但都是追求客观真理的科学，彼此之间能取长补短，和谐共处，共同发展:现代科学在认识和改造物质世界方面有其独特的优势，而佛教在认识和改造精神世界方面则有一套完备的方法，如果将两者有机地结合起来，就能够促进人类社会获得真正的科学发展，从而稳步获得持久的物质享用和深广的精神幸福。因此，现代科学与佛教联盟，有可能会是时代的一个趋势。

湛庐，与思想有关……

如何阅读商业图书

商业图书与其他类型的图书，由于阅读目的和方式的不同，因此有其特定的阅读原则和阅读方法，先从一本书开始尝试，再熟练应用。

阅读原则1 二八原则

对商业图书来说，80%的精华价值可能仅占20%的页码。要根据自己的阅读能力，进行阅读时间的分配。

阅读原则2 集中优势精力原则

在一个特定的时间段内，集中突破20%的精华内容。也可以在一个时间段内，集中攻克一个主题的阅读。

阅读原则3 递进原则

高效率的阅读并不一定要按照页码顺序展开，可以挑选自己感兴趣的部分阅读，再从兴趣点扩展到其他部分。阅读商业图书切忌贪多，从一个小主题开始，先培养自己的阅读能力，了解文字风格、观点阐述以及案例描述的方法，目的在于对方法的掌握，这才是最重要的。

阅读原则4 好为人师原则

在朋友圈中主导、控制话题，引导话题向自己设计的方向去发展，可以让读书收获更加扎实、实用、有效。

阅读方法与阅读习惯的养成

（1）回想。阅读商业图书常常不会一口气读完，第二次拿起书时，至少用15分钟回想上次阅读的内容，不要翻看，实在想不起来再翻看。严格训练自己，一定要回想，坚持50次，会逐渐养成习惯。

（2）做笔记。不要试图让笔记具有很强的逻辑性和系统性，不需要有深刻的见解和思想，只要是文字，就是对大脑的锻炼。在空白处多写多画，随笔、符号、涂色、书签、便签、折页，甚至拆书都可以。

（3）读后感和PPT。坚持写读后感可以大幅度提高阅读能力，做PPT可以提高逻辑分析能力。从写读后感开始，写上5篇以后，再尝试做PPT。连续做上5个PPT，再重复写三次读后感。如此坚持，阅读能力将会大幅度提高。

（4）思想的超越。要养成上述阅读习惯，通常需要6个月的严格训练，至少完成4本书的阅读。你会慢慢发现，自己的思想开始跳脱出来，开始有了超越作者的感觉。比拟作者、超越作者、试图凌驾于作者之上思考问题，是阅读能力提高的必然结果。

好的方法其实很简单，难就难在执行。需要毅力、执著、长期的坚持，从而养成习惯。用心学习，就会得到心的改变、思想的改变。阅读，与思想有关。

[特别感谢：营销及销售行为专家 孙路弘 智慧支持！]

我们出版的所有图书，封底和前勒口都有“湛庐文化”的标志

并归于两个品牌

找“小红帽”

为了便于读者在浩如烟海的书架陈列中清楚地找到湛庐，我们在每本图书的封面左上角，以及书脊上部 47mm 处，以红色作为标记——称之为**“小红帽”**。同时，封面左上角标记**“湛庐文化 Slogan”**，书脊上标记**“湛庐文化 Logo”**，且下方标注图书所属品牌。

湛庐文化主力打造两个品牌：**财富汇**，致力于为商界人士提供国内外优秀的经济管理类图书；**心视界**，旨在通过心理学大师、心灵导师的专业指导为读者提供改善生活和心境的通路。

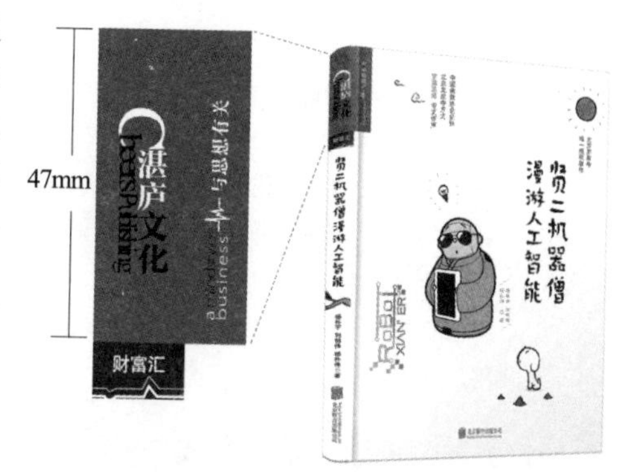

阅读的最大成本

读者在选购图书的时候，往往把成本支出的焦点放在书价上，其实不然。

时间才是读者付出的最大阅读成本。

阅读的时间成本=选择花费的时间+阅读花费的时间+误读浪费的时间

湛庐希望成为一个“与思想有关”的组织，成为中国与世界思想交汇的聚集地。通过我们的工作和努力，潜移默化地改变中国人、商业组织的思维方式，与世界先进的理念接轨，帮助国内的企业和经理人，融入世界，这是我们的使命和价值。

我们知道，这项工作就像跑马拉松，是极其漫长和艰苦的。但是我们有决心和毅力去不断推动，在朝着我们目标前进的道路上，所有人都是同行者和推动者。希望更多的专家、学者、读者一起来加入我们的队伍，在当下改变未来。

湛庐文化获奖书目

《大数据时代》
国家图书馆“第九届文津奖”十本获奖图书之一
CCTV“2013中国好书”25本获奖图书之一
《光明日报》2013年度《光明书榜》入选图书
《第一财经日报》2013年第一财经金融价值榜“推荐财经图书奖”
2013年度和讯华文财经图书大奖
2013亚马逊年度图书排行榜经济管理类图书榜首
《中国企业家》年度好书经管类TOP10
《创业家》“5年来最值得创业者读的10本书”
《商学院》“2013经理人阅读趣味年报•科技和社会发展趋势类最受关注图书”
《中国新闻出版报》2013年度好书20本之一
2013百道网•中国好书榜•财经类TOP100榜首
2013蓝狮子•腾讯文学十大最佳商业图书和最受欢迎的数字阅读出版物
2013京东经管图书年度畅销榜上榜图书，综合排名第一，经济类榜榜首

《牛奶可乐经济学》
国家图书馆“第四届文津奖”十本获奖图书之一
搜狐、《第一财经日报》2008年十本最佳商业图书

《影响力》（经典版）
《商学院》“2013经理人阅读趣味年报•心理学和行为科学类最受关注图书”
2013亚马逊年度图书分类榜心理励志图书第八名
《财富》鼎力推荐的75本商业必读书之一

《人人时代》（原名《未来是湿的》）
CCTV《子午书简》•《中国图书商报》2009年度最值得一读的30本好书之“年度最佳财经图书”
《第一财经周刊》•蓝狮子读书会•新浪网2009年度十佳商业图书TOP5

《认知盈余》
《商学院》“2013经理人阅读趣味年报•科技和社会发展趋势类最受关注图书”
2011年度和讯华文财经图书大奖

《大而不倒》
《金融时报》•高盛2010年度最佳商业图书入选作品
美国《外交政策》杂志评选的全球思想家正在阅读的20本书之一
蓝狮子•新浪2010年度十大最佳商业图书，《智囊悦读》2010年度十大最具价值经管图书

《第一大亨》
普利策传记奖，美国国家图书奖
2013中国好书榜•财经类TOP100

《真实的幸福》
《第一财经周刊》2014年度商业图书TOP10
《职场》2010年度最具阅读价值的10本职场书籍

《星际穿越》
2015年全国优秀科普作品三等奖

《翻转课堂的可汗学院》
《中国教师报》2014年度“影响教师的100本书”TOP10
《第一财经周刊》2014年度商业图书TOP10

湛庐文化获奖书目

《爱哭鬼小隼》
国家图书馆“第九届文津奖”十本获奖图书之一
《新京报》2013年度童书
《中国教育报》2013年度教师推荐的10大童书
新阅读研究所“2013年度最佳童书”

《群体性孤独》
国家图书馆“第十届文津奖”十本获奖图书之一
2014“腾讯网•啖书局”TMT十大最佳图书

《用心教养》
国家新闻出版广电总局2014年度“大众喜爱的50种图书”生活与科普类TOP6

《正能量》
《新智囊》2012年经管类十大图书，京东2012好书榜年度新书

《正义之心》
《第一财经周刊》2014年度商业图书TOP10

《神话的力量》
《心理月刊》2011年度最佳图书奖

《当音乐停止之后》
《中欧商业评论》2014年度经管好书榜•经济金融类

《富足》
《哈佛商业评论》2015年最值得读的八本好书
2014“腾讯网•啖书局”TMT十大最佳图书

《稀缺》
《第一财经周刊》2014年度商业图书TOP10
《中欧商业评论》2014年度经管好书榜•企业管理类

《大爆炸式创新》
《中欧商业评论》2014年度经管好书榜•企业管理类

《技术的本质》
2014“腾讯网•啖书局”TMT十大最佳图书

《社交网络改变世界》
新华网、中国出版传媒2013年度中国影响力图书

《孵化Twitter》
2013年11月亚马逊（美国）月度最佳图书
《第一财经周刊》2014年度商业图书TOP10

《谁是谷歌想要的人才？》
《出版商务周报》2013年度风云图书•励志类上榜书籍

《卡普新生儿安抚法》（最快乐的宝宝1•0~1岁）
2013新浪“养育有道”年度论坛养育类图书推荐奖

延伸阅读

《与机器人共舞》

◎ 人工智能时代的科技预言家、普利策奖得主、乔布斯极为推崇的记者约翰·马尔科夫重磅新作！

◎ 迄今为止最完整、最具可读性的人工智能史。

◎ iPod 之父托尼·法德尔、美国艾伦人工智能研究所 CEO 奥伦·埃奇奥尼等重磅推荐！

《情感机器》

◎ 人工智能之父、MIT 人工智能实验室联合创始人马文·明斯基重磅力作首度引入中国。

◎ 情感机器 6 大创建维度首次披露，人工智能新风口驾驭之道重磅公开。

◎ 中国工程院院士李德毅专文作序。人工智能先驱、LISP 语言之父约翰·麦卡锡、著名科幻小说家阿西莫夫震撼推荐！

《人工智能的未来》

◎ 奇点大学校长、谷歌公司工程总监雷·库兹韦尔倾心之作。

◎ 一部洞悉未来思维模式、全面解析人工智能创建原理的颠覆力作。

◎ 中国当代知名科幻作家刘慈欣，畅销书《富足》《创业无畏》作者彼得·戴曼迪斯等联袂推荐！

《人工智能时代》

◎《经济学人》2015 年度图书。人工智能时代领军人杰瑞·卡普兰重磅新作。

◎ 拥抱人工智能时代必读之作，引爆人机共生新生态。

◎ 创新工场 CEO 李开复专文作序推荐！

延伸阅读

《第四次革命》

◎ 信息哲学领军人、图灵革命引爆者卢西亚诺·弗洛里迪划时代力作。

◎ 继哥白尼革命、达尔文革命、神经科学革命之后，人类社会迎来了第四次革命——图灵革命。人工智能将如何重塑人类现实？

◎ 财讯传媒集团首席战略官段永朝，清华大学教授朱小燕，小 i 机器人联合创始人朱频频联袂推荐。

《脑机穿越》

◎ 脑机接口研究先驱、巴西世界杯“机械战甲”发明者米格尔·尼科莱利斯扛鼎力作！

◎ 外骨骼、脑联网、大脑校园、记忆永生、意念操控……你最不可错过的未来之书！

◎ 2016 年第十一届“文津图书奖”科普类推荐图书 15 种之一。

◎ 清华大学心理学系主任彭凯平，2003 年诺贝尔化学奖得主彼得·阿格雷等联袂推荐。

《图灵的大教堂》

◎《华尔街日报》最佳商业书籍、加州大学伯克利分校全体师生必读书。

◎ 代码如何接管这个世界？三维数字宇宙可能走向何处？

◎《连线》杂志联合创始人凯文·凯利、联结机发明者丹尼尔·利斯、《纽约时报书评》《波士顿环球报》等联袂推荐！

图书在版编目（CIP）数据

贤二机器僧漫游人工智能 / 杨朴宇，刘鹄伟，杨朴伟著 . —北京：北京联合出版公司，2016.8

ISBN 978-7-5502-8425-8

Ⅰ.①贤… Ⅱ.①杨… ②刘… ③杨… Ⅲ.①人工智能-普及读物 Ⅳ.①TP18-49

中国版本图书馆CIP数据核字（2016）第187463号

上架指导：科普 / 大众读物

本书法律顾问　北京市盈科律师事务所　崔爽律师
张雅琴律师

贤二机器僧漫游人工智能

作　　者：杨朴宇　刘鹄伟　杨朴伟
选题策划：湛庐文化 Cheers Publishing
责任编辑：管文
封面设计：湛庐文化 Cheers Publishing 李新泉
版式设计：湛庐文化 Cheers Publishing 蒋碧君

北京联合出版公司出版
（北京市西城区德外大街 83 号楼 9 层　100088）
北京楠萍印刷有限公司印刷　新华书店经销
字数 161 千字　720 毫米 ×965 毫米　1/16　13.25 印张　13 插页
2016 年 8 月第 1 版　2016 年 8 月第 1 次印刷
ISBN　978-7-5502-8425-8
定价：49.90 元